U0233306

好望角

在这里，看见新世界

A MOST DAMNABLE INVENTION: DYNAMITES, NITRATES AND THE MAKING OF THE MODERN WORLD

炸药、硝酸盐
和现代世界的形成

[加拿大] 史蒂芬·R.鲍恩　著

王戎　译

浙江人民出版社

A MOST DAMNABLE INVENTION: DYNAMITES,
NITRATES AND THE MAKING OF THE MODERN
WORLD by STEPHEN R. BOWN

浙江省版权局
著作权合同登记章
图字:11-2023-111号

Copyright © 2005 by STEPHEN R. BOWN
This edition arranged with ACACIA HOUSE PUBLISHING SERVICES
through BIG APPLE AGENCY, INC., LABUAN, MALAYSIA.
Simplified Chinese edition copyright:
2024 ZHEJIANG PEOPLE'S PUBLISHING HOUSE
All rights reserved.

图书在版编目（CIP）数据

引爆：炸药、硝酸盐和现代世界的形成 /（加）史
蒂芬·R.鲍恩著；王戎译. — 杭州：浙江人民出版社，
2024. 10. — ISBN 978-7-213-11696-4

Ⅰ. TQ564

中国国家版本馆CIP数据核字第2024232W40号

引爆：炸药、硝酸盐和现代世界的形成

［加拿大］史蒂芬·R.鲍恩　著　王戎　译

出版发行：浙江人民出版社(杭州市环城北路177号　邮编　310006)
　　　　　市场部电话：(0571)85061682　85176516

责任编辑：汪　芳　　　　　　　　营销编辑：陈雯怡　张紫懿
责任印务：程　琳　　　　　　　　责任校对：何培玉
封面设计：张庆锋
电脑制版：杭州天一图文制作有限公司
印　　刷：杭州钱江彩色印务有限公司
开　　本：880毫米×1230毫米　1/32　　印　　张：9.125
字　　数：203千字　　　　　　　　插　　页：6
版　　次：2024年10月第1版　　　　印　　次：2024年10月第1次印刷
书　　号：ISBN 978-7-213-11696-4
定　　价：76.00元

如发现印装质量问题,影响阅读,请与市场部联系调换。

出版者言

当今的世界与中国正在经历巨大的转型与变迁，她们过去经历了什么、正在面对什么、将会走向哪里，是每一个活在当下的思考者都需要追问的问题，也是我们作为出版者应该努力回应、解答的问题。出版者应该成为文明的瞭望者和传播者，面对生活，应该永远在场，永远开放，永远创新。出版"好望角"书系，正是我们回应时代之问、历史之问，解答读者灵魂之惑、精神之惑、道路之惑的尝试和努力。

本书系所选书目经专家团队和出版者反复商讨、比较后确定。作者来自不同的文化背景，拥有不同的思维方式，我们希望通过"好望角"，让读者看见一个新的世界，打开新的视野，突破一隅之见。当然，书中的局限和偏见在所难免，相信读者自有判断。

非洲南部"好望角"本名"风暴角"，海浪汹涌，风暴不断。1488 年 2 月，当葡萄牙航海家迪亚士的船队抵达这片海域时，恰风和日丽，船员们惊异地凝望着这个隐藏了许多个世纪的壮美岬角，随船历史学家巴若斯记录了这一时刻：

"我们看见的不仅是一个海角，而且是一个新的世界！"

浙江人民出版社

致　谢

　　本书在从构思到出版的过程中，得到了许多人的帮助。特此感谢彼得·沃尔弗顿对初稿提出的周全的编辑建议，感谢唐纳德·戴维森完成了细致的审稿工作。此外，我还要感谢罗伯特·塞欣斯、萨斯基亚·亚当斯、黛安·特比德、鲍勃·贝克尔和凯蒂·吉利根。我的出版经纪人弗朗西斯·汉纳和比尔·汉纳夫妇也在很多方面为我提供了支持，他们尝试说服世界各地的出版社出版本书，撰写编辑评论，并完成了各项协调工作。

　　感谢坎莫尔公共图书馆的工作人员不辞辛劳帮助我获取各种奇怪、晦涩和难找的书。感谢阿尔伯塔省艺术基金会和加拿大国家艺术委员会。我的兄弟大卫·鲍恩帮我设计了作者网站，并花了不少时间解决各种与计算机相关的问题。我另一位兄弟迈克·鲍恩曾与我分享他读到的一篇关于用秘鲁鸟粪制造爆炸物的精彩文章，正是这篇文章让我走上了这条有趣的研究之路。当然，我最需要感谢的是我的妻子尼基·布林克。思绪混乱时她陪我长聊，写成初稿时她细心阅读，迷茫时她给我鼓励，赶稿时她陪伴我们的两个孩子玩耍。

时间线

公元前 424 年　伯罗奔尼撒战争中的德利姆之战中，人们首次使用"希腊火"。

718 年　"希腊火"用于保卫君士坦丁堡，抵抗伊斯兰舰队的入侵。

941 年　"希腊火"再次用于保卫君士坦丁堡，抵抗基辅罗斯伊戈尔王公的入侵。

12 世纪　中国使用火药制作爆竹已趋于成熟。

12 世纪　中国四川地区开凿的佛教石窟雕像展现了火药武器的使用场景[①]。

约 1249 年　英国修士罗杰·培根记录下火药的配方。

约 13 世纪　马库斯·格莱库斯完成《火攻歼敌之书》。

1346 年　在法国的克雷西会战中，英格兰长弓兵战胜法国骑兵和弩兵。

---

① 该处应指开凿于 1128 年的重庆大足石窟中的北山第 149 窟，其上刻有类似早期手榴弹和铳炮的火器。——编者注

1449 年 由于远程移动加农炮优于英格兰长弓，英国人被逐出法国。

1453 年 穆罕默德二世使用大炮攻陷君士坦丁堡，这标志着百年战争和整个中世纪的结束。

1492 年 克里斯托弗·哥伦布第一次从西班牙穿越大西洋来到加勒比地区，开启了欧洲的大航海时代。

1519—1532 年 在西班牙人征服阿兹特克人和印加人的过程中，枪炮发挥了巨大作用。

1526 年 巴布尔率领莫卧儿军队凭借炮兵优势入侵并占领了印度北部。

1588 年 西班牙无敌舰队未能征服英国。

1600 年 德川家康开始在日本限制火药武器的使用。

1605 年 盖伊·福克斯尝试用火药桶炸毁英国国会大厦。

1626 年 英国查理一世要求全体公民储存自己的尿液，用于生产硝石。

17 世纪 50 年代至 19 世纪初 印度比哈尔和孟加拉地区的硝石激化了欧洲的战争。

1681 年 火药被用于修建法国朗格多克运河。

17 世纪初至 18 世纪 60 年代 荷兰商人主导印度硝石贸易。

1734 年 卡尔·林奈记录了瑞典法伦铜矿工人的遭遇。

1755 年 塞缪尔·约翰逊出版了著名的《约翰逊字典》。

1756 年 欧洲大国开始七年战争，英法两国分属不同军事集团。

1757 年 在普拉西战役中，英国东印度公司在印度击败法国军队，开启了英国在印度的殖民统治。

18世纪60年代　英国巩固了其对印度的控制，尤其是比哈尔和孟加拉地区的硝石产区，并开始管制当地向其他国家的硝石运输。

1768—1771年　詹姆斯·库克船长开始第一次探索之旅。

1775—1783年　美国独立战争。

1779年　伟大的詹姆斯·库克船长在夏威夷遇害。

1782年　詹姆斯·瓦特发明双向气缸蒸汽机。

1805年　英国纳尔逊将军摧毁拿破仑舰队，赢得特拉法尔加海战。

1815年　拿破仑在滑铁卢战役中战败。

1817—1825年　火药用于修建连接五大湖和哈德逊河的伊利运河，为美国向西扩张奠定了基础。

1831—1836年　"小猎犬"号从英国前往南美洲和加拉帕戈斯群岛，查尔斯·达尔文为随船博物学家。

19世纪30年代　秘鲁鸟粪迅速成为世界不可或缺的肥料来源。

1833年　炸药发明者阿尔弗雷德·诺贝尔出生。

1846年　阿斯卡尼奥·索布雷洛发明硝酸甘油，克里斯提安·弗里德里希·尚班发明火棉。

1853—1856年　英国、法国和奥斯曼帝国在克里米亚战争中阻止了俄国向南的扩张。这一时期，阿尔弗雷德·诺贝尔在他父亲公司为俄国政府设计和生产武器。

1856年　美国制定《鸟粪岛法》。

1857年　德国探明的钾矿使智利的钙质硝石能以更快速度和

更低成本转化为火药。

1861—1865 年　美国南北战争。

1867 年　诺贝尔发明炸药。

1868 年　弗里茨·哈伯出生。

1869 年　苏伊士运河通航。

1870—1871 年　诺贝尔炸药的发明，导致智利硝石的出货量急剧上升。

1871 年　英国炸药公司在苏格兰成立。

1873 年　诺贝尔移居巴黎。

1875 年　诺贝尔发明爆破明胶。

1876 年　纽约港的哈利特礁石被爆破。美国胡萨克隧道完工。

1879—1884 年　玻利维亚、秘鲁和智利争夺阿塔卡马沙漠的硝石矿产，爆发太平洋战争（硝石战争）。

1880 年　连接意大利和瑞士的圣哥达隧道完工。

1883 年　澳大利亚消耗的炸药量超过大英帝国总使用量的一半。

1886 年　大英帝国最长的铁路隧道塞文隧道完工，将英格兰和威尔士连接起来；保罗·维埃勒发明白粉火药；诺贝尔发明"巴力斯太"火药，这种无烟火药迅速取代了黑火药。

19 世纪 80 年代　弗雷德里克·阿贝耳和詹姆斯·杜瓦在英国研发出线状无烟火药。

19 世纪 90 年代　全球三分之二的硝石由智利提供。

1891 年　诺贝尔将住所和实验室从巴黎搬至意大利的圣雷莫。

1893 年　连接爱奥尼亚海与爱琴海的科林斯运河竣工。

1896 年　诺贝尔在意大利圣雷莫去世，其全部财富用于设立诺贝尔奖。

1901 年　第一届诺贝尔奖成功颁发。

1906 年　世界上最长的隧道之一辛普朗铁路隧道竣工，将意大利和瑞士连接起来。

1909 年　哈伯在实验中首次人工合成含氮化合物。

1913 年　卡尔·博施将哈伯的实验模型应用于奥保工厂。

1914 年　巴拿马运河竣工；英德两国的海军在智利沿海展开科罗内尔海战，获胜的德国成功切断英国的硝石供应；但在随后的福克兰群岛海战中，英国重新确立海上优势，开始对德国实施海上封锁。

1914—1918 年　博施快速扩大了工厂的规模和产能，在战争期间提供了德国所需的大部分硝酸盐，用于生产弹药和化肥。

1915 年　哈伯在伊普尔策划了人类历史上第一次毒气战。

1918 年　第一次世界大战结束。

1919 年　弗里茨·哈伯获得诺贝尔化学奖。

1919—2005 年　合成氮肥得以发明后，粮食供应量大幅上升，全球人口在此期间增长了两倍。

1934 年　哈伯在瑞士去世。

目　录

序　言　史诗般的探索之旅 / 1

第一章　与火共舞：爆炸物的千年探索史 / 7

第二章　黑火药的灵魂：神秘硝石的探寻之旅 / 27

第三章　爆炸油和引爆装置：诺贝尔和硝酸甘油的可怕威力 / 53

第四章　建设与毁灭：炸药和工程革命 / 73

第五章　强大的"实力均衡器"：爆炸物带来的社会变化 / 101

第六章　发明、专利和诉讼：爆炸物的黄金时代 / 125

第七章　鸟粪贸易：智利硝石工人的灾难和硝石战争 / 149

第八章　炸药的利润：献给科学界和人类文明的礼物 / 171

第九章　福克兰群岛海战：对全球硝石供应的争夺 / 193

第十章　化学战之父：弗里茨·哈伯改变世界的重大发现 / 217

后　记　战争与绿色革命 / 243

资料来源与拓展阅读 / 252

参考文献 / 260

索　引 / 267

序　言
史诗般的探索之旅

1920 年 6 月 1 日，52 岁的弗里茨·哈伯（Fritz Harber）抵达斯德哥尔摩，领取一项奖金丰厚、享誉世界的大奖——诺贝尔化学奖。这是一件值得庆祝的事情，是对他所取得科学成就的最高认可。但颁奖仪式的气氛十分沉闷。瑞典国王没有亲自给他颁奖，而在前一年的 11 月，国王刚给另外四名诺贝尔奖得主颁奖。哈伯在获奖半年后才只身一人前来领奖，诺贝尔奖颁奖十多年来首次出现这种情况。原来，他的获奖引起了全世界的公愤，来自法国、美国和英国的许多科学家都谴责诺贝尔委员会的选择，认为哈伯在战争期间那些不光彩甚至不道德的行为，不配获此殊荣。他们将哈伯称为"毒气战之父"。

当然，没有任何人会质疑他在科学上的成就。他的研究成果非常重要，得到全世界的认可，甚至可能是解决全球饥饿问题的途径。他克服技术障碍，解决了当时科学界最棘手的氮难题，研发出从空气中合成含氮化合物的工艺，并申请了专利。这项技术为 1914 年至 1918 年的消耗战埋下了伏笔。德国的秘密武器是基于哈伯的

2　　设计方案在奥保（Oppau）和洛伊纳（Leuna）两地建立的两座化学工厂。这两座工厂代表当时世界最高科技水平，在第一次世界大战期间为德国提供了大量用于制造爆炸物和化肥的原料。正是哈伯在科学上的突破，结束了多个世纪以来农民、矿工和战士对一种稀有且难以捉摸的有机物的依赖，这种物质是提高农作物产量的关键，但同时也是所有爆炸物的核心。

对火的破坏力的探索是一个可以追溯到人类文明之初的传奇故事。高度易燃的黑火药（硫黄、木炭和硝石的混合物）很早就从中国传至中东，并于 13 世纪末传到欧洲。很快，对国际影响力的追求、对商道的保护以及对外来入侵的抵御，都取决于人们对黑火药（后来称为火药）的充分利用。火药引发了剧烈的社会变动，在推翻封建制度和促生新的军队结构的过程中都发挥了重要作用。然而，这种资源始终处于短缺状态，其破坏力也从未达到能帮助野心家轻易实现自己梦想的程度。真正属于爆炸物的伟大时代始于 19 世纪 60 年代，当时一位名叫阿尔弗雷德·诺贝尔（Alfred Nobel）的面色蜡黄的瑞典化学家凭借自己过人的直觉，真正深刻且不可逆转地改变了世界的面貌。

诺贝尔改变了几个世纪以来人们不断提高火药纯度的传统路径，从另一个方向开展研究，研制出威力更强的烈性炸药。他为自己的发明申请了专利，并在欧洲和美国迅速建立了许多工厂。在多年的技术改进过程中，几十名诺贝尔工厂的员工和客户在事故中丧生，但他最终成功找到了安全储存和运输这些炸药的方法。经他改进的产品首先在西欧和美国产生了直接而深远的影响，最终影响到

3　　整个世界。不到十年的时间内，整个社会都因他这项发明而发生剧

烈变化，他也因此成为全世界最富有的人之一。他最具突破性的发现是找到了稳定硝酸甘油（硫酸、硝酸和甘油的混合物）的化学属性从而更好利用爆炸力的方法。他用希腊语中"强大"（*dynamos*）一词来命名这种爆炸物，人们将这种可塑造成任何形状的炸药称为达纳炸药（dynamite），后来该词逐渐成为炸药的统称。此外，他还发明了更可靠的引爆炸药的方式。可以说，诺贝尔发明的炸药是第一种真正意义上安全可靠的爆炸物，其烈性远强于火药。即便在重大发明频繁涌现的 19 世纪，这项发明仍然是群星中最耀眼的那一颗。

炸药迅速成为工业和战争中不可或缺的物资，也让工业和战争形态发生了革命性变化。它所释放的能量使工业在 19 世纪和 20 世纪初迅速发展，水电站、高楼大厦、运河、铁路、隧道和港口的修建，煤炭和石油的勘探，以及地雷和火炮的制造，都离不开炸药。可以说，炸药的爆炸力大幅加速了刚刚兴起的工业革命的进程。水泥能成为普遍使用的建筑材料，也离不开炸药在采石场高效爆破石灰石的能力。炸药大幅降低了矿井和采石场里工人的劳动强度，让他们不用再像以前那样没日没夜地挖掘或填平土地。在炸药的助推下，以前数周才能完成的工作，现在短短几秒内就能做完；以前乐观者才敢想象的工程，现在短期内就能变为现实。炸药还被用于制造地雷、炸弹和炮弹等威力更大的武器。

然而，直到 19 世纪下半叶，科学和工业在这方面的需求仍完全依赖自然界存在的被统称为硝石（一般为硝酸钾，有时也以硝酸钠或硝酸铵的形式存在）的有机化合物。硝石这种物质极为稀缺，尤其是在战争时期。长期以来，为了获得安全而稳定的硝石供应，

4

各国展开了激烈的斗争，这种斗争对国际事务的影响可能不亚于爆炸物本身。在关于硝石的故事中，在前工业时代，欧洲人从农村地区的马厩和厕所获取硝石，18 世纪欧洲人在印度设立垄断性贸易公司和农场，后来人们开始争夺秘鲁鸟粪，最后又将注意力转向智利北部的阿塔卡马（Atacama）沙漠，1879 年的硝石战争①因此爆发。可以说，在 17 世纪、18 世纪乃至 19 世纪，硝石的价值不亚于21 世纪的石油，围绕这两种重要的资源，国际社会出现了类似的权力斗争。20 世纪初，随着烈性炸药和农业化肥的广泛使用，人们对硝石的需求不断增长，而全球能够供应这种稀缺有机资源的地方只有智利。这些物资需远渡重洋才能到达当时最主要的市场——西欧和美国东部。

鉴于炸药对工业和军事的重要性以及化肥对农业的重要性，维系各自通往智利硝石产地的海上通道具有重大的战略意义，成为各国国防事务的重要关切。1914 年第一次世界大战爆发后，确保通往智利航道的通畅，同时切断敌方通往智利的航道，是各国在战争最初几个月里最为紧迫的任务。英国海军在这一阶段获得初步胜利，切断了德国的海上通道。这意味着德国的食品生产和武器制造都面临巨大挑战，似乎预示着这场大战很快就能结束。但哈伯在战争爆发前夕取得的重大科学发现，改变了这场世界大战乃至整个世界历史的走向。

哈伯的发现是 20 世纪成为人类有史以来最为血腥的世纪的原

---

① 这场战争的名称在本书中多为"太平洋战争"，但实际上，这场战争仅仅发生在太平洋东岸的一隅，海战的占比较小，还容易与第二次世界大战中的太平洋战争混淆，所以在翻译过程中大多处理为"硝石战争"。——译者注

因之一。颇具讽刺意味的是，哈伯之所以能获得诺贝尔化学奖，是因为他在沿着当年诺贝尔的研究足迹继续前进。诺贝尔奖的奖金主要来自诺贝尔当年研发炸药带来的收入，哈伯的研究成果也转化为大量的爆炸物，造成数百万人死亡。如果诺贝尔还在世，一定会感到惊恐万分。但另一方面，尽管哈伯的化学发现受到战争的驱动，可常常被人们忽略的事实是，其成果在 20 世纪也给人类社会带来了巨大的福祉。

除了诺贝尔发明的炸药，我们很难想象，还有什么科技成果比哈伯的发现给人类及其生活的环境带来了更持久和深远的影响。可以说，如果没有诺贝尔的炸药，就没有现代经济。如果没有哈伯的天才创造，人类社会就不会在接下来的一个世纪迎来农业和人口的爆发式增长。诺贝尔和哈伯的科学创新，是人类发展过程中最具史诗性的故事之一。这个波澜壮阔的故事，记载了一项伟大技术的前世今生，及其对人类历史产生的深远影响——为充分利用这一科技，人们在全球范围内展开了对原材料的激烈争夺。

第一章

与火共舞：爆炸物的千年探索史

人们很难相信自己能发明出如此精巧且可怕的东西……当它最初被公布时，世界似乎失去了所有的力量。还有什么比人造雷电更恐怖、更暴力的发明，能实现人类的自我毁灭？

——威廉·克拉克（William Clarke），1670 年

四个多世纪前的 1606 年 1 月 31 日，一个衣衫褴褛、面容憔悴的人被人架着，一瘸一拐走过威斯敏斯特宫的旧宫庭院。一路上，他看到同伴的尸体，看到庄严站立着的审判代表与骑在马上的法官和治安官，还看到手持长矛、阻止围观群众靠近的士兵。沿着台阶，他被粗暴地拽上一个在广场中央临时搭建的绞刑台，面前等待他的是一名戴着黑色头套的绞刑执行官。为了观看行刑过程，许多人聚集在这个巨大的庭院，还有人在人群中兜售起食物和啤酒。现场气氛到底是轻松愉快还是肃穆庄严，没有确切的历史记录。但可以确定的是，当时人们一定意识到，这必将成为英格兰历史上一个意义重大的事件。他们还确知，尽管现场非常安静，但这个人的死亡将是一件很值得纪念的事情。这个留着红胡子的驼背男人完成简短的演讲后，虚弱地弯下腰迎接套索，并在胸前缓慢地画了一个十字，接着静静地等待着死亡的来临。

这个男人名叫盖伊·福克斯（Guy Fawkes）。根据不久前仓促但毫无悬念的审判，他和他的同伙犯下了叛国罪这一滔天大罪：他们计划在国会开幕大典时炸死新上位的英王詹姆斯一世、王后和在场的其他权贵。几年前，詹姆斯一世在伊丽莎白一世去世后刚刚继位。在认罪书上，福克斯的字迹潦草得难以辨识，可见他之前经历了多少折磨。在伦敦塔审讯不到三日，刑具和镣铐就让他近乎精神崩溃，坦白了一切罪行，包括他胆大而邪恶的密谋。

从福克斯的成长环境来看，我们很难想象他会落下如此恶名，成为一个叛国者和谋杀未遂者。他的死亡成为 400 年来的一个节日，直到今天，英国人还在庆祝。殊不知，1570 年出生于约克郡一个声望显赫家庭的福克斯曾接受过良好的教育。在他 8 岁那年，父亲去世，随后由母亲独自抚养。母亲在他 17 岁时改嫁，继父是一个不信奉英国国教的人，正是他让福克斯改变了自己的宗教信仰，接触了天主教思想。在他步入成年时，尝试摆脱教皇权力束缚的新教改革运动在北欧地区快速发展，英国的宗教思想状况变得异常混乱。以瑞士、斯堪的纳维亚、苏格兰和许多德意志城邦为中心的许多国家都无法忍受教会的腐败，英格兰最后也加入其中，亨利八世宣布脱离罗马教廷，成立盎格鲁宗，即英国国教，并开始征收境内罗马天主教堂的财产，解散天主教修道院。在 16 世纪下半叶的大部分时间里，天主教和新教势力围绕英国国王问题展开了激烈的斗争，都尝试将支持本教的君主推上王位。1558 年，支持新教的伊丽莎白一世继承王位后，英格兰的天主教徒陷入困境，许多天主教徒家族的土地被强行征收。为了避免遭到报复，他们只能秘密坚持自己的信仰。1588 年，西班牙国王腓力二世派出庞大的无敌舰队，尝试推翻伊丽莎白一世的统治，计划让信仰天主教的君主继位，进而宣布信仰新教是违法行为。总之，当时的世界正处在一个野蛮而荒诞的时代，毕竟，政教分离和宗教包容，包括基督教不同教派间的和平共存，还需要很长时间才能实现。

年轻的福克斯在继父的影响下改信了天主教，离开英国来到佛兰德斯（Flanders），并加入了西班牙军队。当时的西班牙军队血腥镇压新教，并占领了荷兰。据说，在军旅生涯期间，他是一名强势而冷静的指挥官，"决策果断，博学多才"。很多人说他"信仰虔诚"，"从不缺席各种宗教仪式"。他从西班牙军队光荣退役后，英国的宗教问题再次变得严峻起来。1603 年，伊丽莎白一世去世，她的继任者是苏格兰詹姆斯六世，也称为英王詹姆斯一世。英国天主教徒一致推举派福克斯前往西班牙开展游说工作，希望说服西班牙能再次入侵英格兰，并向西班牙人承诺，届时英国人必将发动起义，推翻新国王詹姆斯一世。游说失败后，他回到佛兰德斯。为了保卫自己的宗教，他和其他几名狂热分子经商议后决定刺杀国王。

这个小团体的头目是来自沃里克郡的英国国教反对者即乡绅罗伯特·卡特斯比（Robert Catesby）。他极力主张炸毁威斯敏斯特宫，因为"他们在那个地方给我们带来了各种苦难，也许上帝安排我们在那个地方惩罚他们"。最初这些密谋者尝试挖一条通往国会的地道，但因难度太大而中途放弃。后来他们在国会大厦租到一个之前存放煤炭的地下室，然后成功地将总重量达 3600 磅的火药桶从卡特斯比家通过泰晤士河运到国会大厦附近，又秘密将这些木桶运送到位于大厦地下的仓库里，并在上面覆盖装有柴火的木桶。国会开幕大典原计划在 1605 年 2 月举行，后推迟到 10 月 3 日，又再次推迟到 11 月 5 日。福克斯有军队服役经历，所以由他负责引爆这些火药。由于地下室很潮湿，他在执行最终任务之前需经常检查火药桶的情况，并更换那些受潮的火药桶。

与此同时，卡特斯比的计划变得越来越有野心，加入这个团体的人也越来越多。他们计划在爆炸发生后逃到欧洲大陆，迅速传播这个好消息，借势在佛兰德斯组建一支天主教起义军。然而，在 10 月 26 日这个星期六，第四任蒙蒂格尔男爵威廉·帕克（William

Parker，他妻子的兄弟是卡特斯比团体的一员）在吃晚饭前突然收到一封匿名信。信中写道："国会大厦即将发生大爆炸，但谁也找不到真凶。"这一信息引起了威廉·帕克的高度重视。他立马秘密对整栋建筑进行了彻底搜查，很快在地下室发现了大量木柴，以及一个自称名叫约翰·约翰逊的看守。据史料记载，约翰逊（其实是福克斯）看上去"是一个非常精明的人，可惜聪明才智没有用在正道上"。他很快被捕，接受审讯。他后来声称，如果自己准备得更充分些，或手脚能更麻利一点，就可以"与这一切同归于尽"。

当天晚上，他被带到国王面前。当被问到为什么会参与如此不光彩的行动时，他挑衅地回答道："危疾需用险方！"第二天上午，詹姆斯一世致信审讯人员，要求他们"先用温和的手段，逐渐过渡到最残暴的手段，上帝会帮助你们快速完成这项光荣的使命"。经过三天的折磨，福克斯的意志彻底崩溃，供出了所有同谋者的名字，并声称他们的所作所为是"为了天主教的发展和自己灵魂的救赎"。走完简单的审判流程后，他被判决死刑。根据英国官方的宣传，当他被绞刑台的套索拉起时，"现场的人无不为这个罪大恶极者的死亡而感到欣喜"。紧接着其他几名共犯也以同样的方式被处死。他们的尸体以不规则的节奏在绳索上摇晃，然后绳索被剪断，尸体被无情地抛落到地面。一幅现代版画重现了当时的场景，许多围观者环绕在绞刑架周围，士兵们则挥舞着长矛维持秩序。那些落到地面还没有断气的密谋者随即被马拖拽，执行阉割、剐刑和斩首，最后尸体被分成四部分。福克斯被捕的日期是 1605 年 11 月 5日，这一天被定为公共节日，直到今天，英国人还会在这一天放烟花和烧假人。此后不久，英国教会还要求教徒在每年的 11 月 5 日进行感恩祷告，以此感恩国王和王国境内诸阶层人士没有被残忍谋杀。

有历史学家对这些官方记载的准确性提出了质疑。他们认为，留着大胡子的邪恶的福克斯，躲在一大堆火药旁尝试点燃引线，还笑着表达他对国王的不屑和对天主教的虔诚，这幅画面的人为性太强，存在明显的历史加工痕迹。许多历史学家甚至认为根本不存在炸毁国会大厦的阴谋，这一切只是政府清洗对国王不忠的天主教徒的手段。政府极具仪式感的行刑过程更是为了让公众看到，此次密谋离成功只有一步之遥，密谋者轻易绕过了政府对火药的垄断，因此也有理由进一步加强对这种物资的管控。

火药阴谋事件发生时，对火药的探索仍在进行之中，人们还没有充分认识到火药的巨大潜力。将火药用于枪炮虽然已有几个世纪的历史，但当时火药的杀伤力与使用时产生的声音和浓烟完全不相匹配。福克斯等人不再利用枪炮等媒介，而是极具创造性地将火药直接用于定点爆炸，这对后人的启发很大，尤其是在 19 世纪炸药和其他烈性爆炸物问世之后。火药阴谋第一次让人们意识到大量火药能产生的巨大威力，及其对王权和国家命运的深远影响。伊丽莎白女王去世后，英国政治局面混乱，天主教和新教之间的教派斗争日益激烈，在这关键时期，一群人居然尝试通过炸药密谋推翻统治集团，而且离成功只有一步之遥，这引起了整个欧洲的关注。密谋的逻辑并没有多复杂，一旦被公之于众，未来的宗教狂热分子和篡权者必然会复制这种方法。的确，为了不让人们知道被政府严格管控的危险物资其实可以设法获得，英国官方记录中并没有提及福克斯在国会大厦下放置的大量火药的具体来源。毕竟，对统治者而言，刺客挥刀、射箭或投毒是一回事，而一小撮心怀不满的狂热分子想用爆炸袭击的方式瞬间推翻政府，则完全是另一回事。

* * *

13

这幅现代素描描绘了盖伊·福克斯和他的同伙于1605年计划用火药炸毁英国国会大厦的场景。

在盖伊·福克斯尝试炸毁英国国会大厦三个半世纪之前，一位名叫罗杰·培根（Roger Bacon）的性情古怪的科学家和修士，从他在牛津大学的房间摇摇晃晃地走了出来。他实验桌上的坩埚刚发生强烈爆炸，巨大的声响过后出现大量有毒的浓烟。刺鼻的硫黄味让他不停咳嗽，难以呼吸，闪电般的亮光让他惊恐万分。他当即决定，迅速销毁了实验证据，不向世人公布实验结果。之所以作出这个决定，一方面是因为这些物质的破坏力实在太大，另一方面是自己可能因为研究所谓的魔法或魔鬼物质而被扣上异教徒的罪名。因此，他在书中详细记录了自己的各种发现，唯独没有记录对黑火药的实验，只留下只言片语的暗示。培根是当时最著名、思想最超前的哲学家之一，也是中世纪最伟大的主张通过实验来开展研究的科学家之一。

　　1214 年，培根出生于萨默塞特郡伊尔切斯特地区一个富裕家庭，从小就聪慧过人，想法新奇。在牛津大学拿到学位后，他来到当时欧洲的最高学府巴黎大学任教。在这里，凭借过人的理论素养和探究事物本质的能力，他获得了"万能博士"的称号。大概由于健康原因，他在 13 世纪 50 年代加入方济各会，回到英格兰生活。他对教条和迷信的强烈厌恶，很快使自己与教会权威之间产生了嫌隙和矛盾。作为一名虔诚的修士，他一生都因这一矛盾而存在严重的内心冲突，令他痛苦不堪。培根积极参与了关于科学和宗教关系的辩论，这场辩论在接下来的几个世纪成为欧洲思想界的重要议题。由于他毕生坚持经验主义和客观主义原则，一些历史学家甚至认为他是第一位真正意义上的现代科学家，但更多人认为他是一名巫术师、炼金术士和魔法师。

　　作为一名虔诚的基督教徒，培根深信，如果人不努力探索世界，就是对上帝的亵渎。对自然界的研究是人类对上帝应尽的义务。他写道："如果一个人从未见过火，但通过理性分析，推理出火能够通过燃烧来改变或摧毁物质，听众是不会信服的，也不会对火产生任何恐惧之心，除非听众把自己的手放在火上，或将易爆物

14

扔进火中，通过经验来证明之前用理念推出的结论。一旦有了经验，他的头脑就沐浴在真理之光中。所以，理性本身是不够的，人还需要经验。"此外，为了向教会证明历法改革的必要性，他尝试让人们明白，许多看似超自然的现象并非黑暗魔法力量的产物，而是自然世界的产物，可以通过实验来重复这些现象。他声称未来"自然界会出现让我们无比惊讶的事物"，比如"永恒之光和永不冷却的温泉"，这要比列奥纳多·达·芬奇早 200 年。他还准确地预测了眼镜、望远镜、放大镜、飞行器和机动船的出现。1266 年，他在《大著作》（*Opus Maius*）一书中总结了自己在科学方面的许多观察和思考。直到几个世纪后，人们才意识到这本书中所蕴含的现代性元素。他在书中写道："这些都是非常神奇的发明，前提是人们能合理使用这些发明。"

培根最著名的发现是可以利用自然机理来人工制造雷声。在中世纪，不同于培根个人所坚持的理念，科学研究与巫术有着密切的联系。但他不顾教会的反对，成为一名炼金术士，坚信存在将普通金属转化为金子的魔法石。他的大多数实验都遵循化学试错法，可能正是利用这种方法，他发现了火药的配方。培根在翻阅阿拉伯古籍时，发现了一种用于制作爆炸粉末的配方，人们当时认为它与长生不老药有关。培根本能地意识到，这种黑色爆炸性粉末的应用与纯科学无关，而是可以作为一种战争工具。他在《炼金术之镜》（*The Mirror of Alchemy*）中写道："可以在空气中制造雷鸣声，这远比自然界中的现象更恐怖：只要拇指大小的少量物质，就可以产生巨大的声响和火光……可以摧毁任何城市和军队。"

为了避免受到迫害，同时不让这一发现给人类带来灾难，培根用神秘的拉丁文密码记录了黑火药的配方，这些密码直到六个世纪后才被人们破译。发现火药后，培根继续自己在炼金术上的研究，不断与针对自己实验和作品的各种审查制度周旋。他进行独立研究的勇气在 13 世纪并不被人们认可。1277 年，方济各会的总会长杰罗姆·马希（Jerome Masci）下令将他逮捕，当时的文件宣称："根据许多修士建议，英格兰神学家罗杰·培根的思想中包含许多可疑的新事物，因此他被判入狱，所有弟兄不可坚持他的教义，并应当根据方济各会的意见，抵制他的思想。"培根在狱中被监禁了 15 年，出狱后不到一年，就于 1292 年去世，享年 78 岁。

在培根死后的半个世纪，火药不断被应用于军事领域，但在开矿和修路方面的运用还要再等上几个世纪。虽然培根是最早描述黑火药的欧洲人，但在同一时期，火药在亚洲的广泛运用已有好几个世纪的历史。

＊　＊　＊

尝试驾驭火的努力和对爆炸物的探索贯穿了整个人类文明的发展进程。最早出现的燃烧性武器是"希腊火"，这个概念模糊的术语用于指代硫黄、焦油、松香、沥青以及其他可燃物组成的混合物。公元前 5 世纪，"希腊火"最初运用于爱琴海地区的海战和攻城战。根据修昔底德的记载，公元前 424 年，雅典和斯巴达在伯罗奔尼撒战争中的德利姆之战就用到了一种可以燃烧的火攻兵器："他们取一根巨大的梁，截成两段，挖成空心，再将两部分像管子一样接在一起。大梁的一端用铁链绑着一个大锅，并安装一根铁管伸入锅中……当这个机器被推到敌方城墙旁边，人们会在另一端装上风箱，点燃后向里面鼓风。发生在铁管密闭空间内的爆炸会引燃大锅中的炭火、硫黄和沥青。巨大的火焰会将城墙点燃，让守城的士兵无法坚守阵地，只能落荒而逃，要塞很快就能被占领。""希腊火"和其他燃烧物质在几个世纪内一直是最具杀伤力的武器，并很快被运用到海战中。人们将装有硫黄、沥青和粗麻屑的木桶弹射到敌方舰船上，由于这些物质可以在水面上继续燃烧，因此爆炸引发的大火很难被扑灭。公元7世纪，一名来自希腊或叙利亚的名叫加利尼科斯［Kallinikos，一说卡里尼库斯（Callinicus）］的炼金术士通过混合硫黄、粗石脑油和生石灰，改进了之前被称为"野火"的配方，使之拥有更高的燃烧效率。这种混合物在爆炸时会产生有毒气体，并在水和空气中迅速扩散。

"希腊火"的威力如此之大，令敌军闻风丧胆，因此生产这种武器的技术被严格保密。正是凭借这一技术，拜占庭帝国才能长期保证其首都君士坦丁堡不被伊斯兰入侵者占领和掠夺。公元718年，大马士革哈里发派出一支庞大的伊斯兰军队，向君士坦丁堡发起了海陆联合进攻，这支舰队中桨帆船的数量超过1000艘。在抵抗过程中，拜占庭军队在水上使用了可怕的"希腊火"，大多数伊斯兰舰船的船体都被烧毁。罗马历史学家老普林尼（Pliny）在《自然史》（*The Historie of the Worlde*）中记录了有关"希腊火"的情况。他在书中写道："现在让我们探讨一些与自然界中第四种元素（也就是火）相关的奇观，而且首先看水中之火。在科马基尼（Comagene）王国一座名叫萨莫萨提斯（Samosatis）的城市，有一个出产一种特殊黏土的池子，这种名为玛塔（Matha）的泥土能够燃烧。只要遇到相对坚硬的固体，这种泥都会粘在上面，如果动物碰到这种泥土，会剧烈燃烧，即使立即逃跑也无法幸免。这种泥土成为这座城市自卫的武器，当卢库鲁斯（Lucullus）进攻这里时，敌方士兵最后都被自己的铠甲烧死。"公元 941 年，基辅罗斯的伊戈尔王公（Prince Igor）出兵南征君士坦丁堡，试图使用舰队从黑海向这座城市发动奇袭。在这场战役中，"希腊火"再次发挥关键作用。基辅罗斯的《古编年纪》（*Primary Chronicle*）记载："希腊人在船上看到俄国船只后，立即用管状物喷射火焰，场景十分惨烈……希腊人拥有类似于天堂闪电的东西，不断向我方发射，许多人被活活烧死。"十字军东征时期，伊斯兰守军也使用了类似方法，向入侵的基督徒军队投掷装有可燃油和石灰混合物的小玻璃瓶或陶罐。

13 世纪，大约在罗杰·培根去世时，一位极具神秘色彩的名叫马库斯·格莱库斯（Marcus Graecus）的希腊人发表了《火攻歼敌之书》（*The Book of Fires for Consuming the Enemy*）。这本仅有 35 页的小册子罗列了各种"希腊火"的配方，可能是在此之前几个世纪人们使用过的各种配方的汇编。在这本书中，燃烧性武器可谓五花八门，无奇不有。书中甚至记录了利用燃烧的鸟类来充当武器。"另一种火攻敌军、让对手无处可逃的方法是将岩油、液体沥青和硫黄油混在一起，放入陶罐，然后置于马粪中 15 天。取出后，将混合物涂抹在乌鸦身上，再向敌军帐篷方向放飞。当太阳升起，在不断升高的气温将混合物熔化前，这些乌鸦会自燃。但是我们建议在日出前和日落后使用此法。"显然，让鸟燃烧的目的是点燃敌军的帐篷，造成对方人员的伤亡，或导致敌方陷入混乱，无法

18

正常休息。中国和阿拉伯古籍中也记载过这种利用燃烧的鸟来攻击敌军的方式。中国还在 15 世纪初成为世界上最早在战场上使用机动式原始火器的国家。根据《火龙神器阵法》①这部兵书的记载，几十个与人的手臂长度相当的竹筒排列在一起，内部装有可燃物，这些竹筒悬挂在架子上，架子下装有轮子。这些战车一般被安排在行进军队之前，用于发动第一轮进攻。当竹筒被依次点燃，发射出抛射物可以杀死敌方士兵，打断敌军战马的腿。拥有一件这样的武器，相当于本方多了十名最勇猛的士兵。

最原始的黑火药发源于中国，早在 10 世纪就以制作爆竹和发送烟火信号的形式出现了，但史料在这一方面记载得并不清楚。当时中国人到底是仅仅研制出一种可燃的烟雾火药，还是真正发现了具有爆炸力的黑火药，历史学家尚未达成一致意见。如果他们真的发现了这种致命的军事武器，一定会高度保密，以维持自身的技术优势。11 世纪，硫黄和硝石的生产的确被中国政府严格控制，禁止出售给外国人。13 世纪以来不断有文字记载，在庆祝活动中，人们会向天空发射燃烧的火球，伴随着巨大的雷鸣声，火球会产生漫天的火花。1264 年，还有一处文献描述了早期烟火难以控制的特点：那一年，在南宋皇帝宋理宗赵昀退位前，他为母亲举办了一场宴会，在宫廷内安排了烟火表演。其中，一种名为"地老鼠"的烟火直接冲到了太后脚下，令她惊慌失措。太后生气地站起来，抬起裙摆，叫停了宴会。宋理宗情急之下逮捕了负责组织宴会的官员，等待太后发落。第二天，他亲自向太后请罪，声称属下虽有疏

---

① 又名《火龙经》，是明朝永乐年间的一部古代火器大全。——译者注

忽之处，自己也有责任。太后却笑着说："那个爆竹似乎是专门来吓我的，但这大概并非是谁有意为之，可以饶恕。"

据记载，13 世纪末蒙古军队入侵波兰和匈牙利时也使用了原始火器。蒙古人在竹筒中填充黑火药，并以锋利的石头作为投射物。在 13 世纪，阿拉伯作家阿布杜拉（Abd Allah）、英国修士罗杰·培根、博尔施塔特的艾伯特伯爵即艾尔伯图斯·麦格努斯（Albertus Magnus）都介绍过黑火药。但最早记录原始火器的人是马库斯·格莱库斯，他在《火攻歼敌之书》中描述道："第二种飞行之火制作方法如下……将这三种物质在石板上研成粉末，然后把尽可能多的粉末放入盒子里，制成可以发出雷鸣声的飞行之火。"然而，我们始终难以确定，黑火药最初由谁以何种方式发现，以及它是如何在欧亚大陆传播开来的。史料在这些问题上的记载含糊不清，令人难以理解。化学家兼历史学家 G. I. 布朗（G. I. Brown）在《大爆炸》（*The Big Bang*）中写道："在这个问题上，任何研究者都会很快陷入一张充满错误、误解和扭曲事实的错综网络中，找到确切答案的希望十分渺茫。"然而就结果而言，14 世纪，在包括中国、中东和欧洲在内的广大区域，人们都在积极探索黑火药的应用方法。

早期黑火药的基本成分是硫黄、木炭和硝石这三种自然界普遍存在的物质，但由于其化学性质不够稳定，实际使用起来比较困难。这些成分的纯度很难保证，在运输和储藏过程中，不同物质容易出现化学成分分离或受潮。黑火药还经常因为在武器中装填太过密实而无法迅速燃烧，导致弹药无法正常发射出去。由于火药的燃烧不规则，发射过几次后，武器很容易被未充分燃烧的火药堵住。

20

在射击过程中，火药还会产生大量烟雾，不但影响射击者的视线，还容易暴露射击者的位置。要有效使用这种武器，仅仅了解正规的使用流程远远不够，还需要积累大量实际操作经验。1587 年，英国炮手威廉·伯恩（William Bourne）在《火炮的射击技艺》（*The Art of Shooting in Great Ordnance*）中记录了早期火药像毒蛇一样难以驾驭的特性，因此火药也被称为"蛇纹石"。他写道："如果火药填充得太实……很难及时发射……如果火药填充得太虚，又难以射到目标……应当尽可能让火药靠近撞槌，但不要把填充器中的火药压得太紧。"

16 世纪末，湿磨工艺技术的出现显著提升了黑火药的质量和效能。这种方法需将提前调制好的火药浸泡在酒精和水的混合液中，风干后再进行研磨。如此形成的粉末颗粒大小更加均匀，火药燃烧速度更快。湿磨火药不易受潮，更适用于舰船上的火炮。"蛇纹石"主要用研钵和研杵进行研磨，改进后的湿磨火药主要使用手动碾磨机来研磨。大约 100 年后的 18 世纪初，水磨机的出现进一步提高了研磨火药的效率，能迅速将其转化为脱水的高密度物质，当时人们称之为"磨饼"或"压饼"。在这种物质中，火药的不同成分在挤压过程中被充分混合，在运输时不易出现物理化学结构的变化，还能被进一步制成大小相当的颗粒。实践证明，使用纯度较高的成分制作的湿磨火药非常有效，以至于这个配方和流程被人们原封不动地使用了 300 多年。17 世纪末，著名作家和自然哲学家威廉·克拉克在描述湿磨火药时写道："自它发明以来，还没有人能发明出类似的东西……它的燃烧如此迅速、旺盛、强大和可怕，直到完全烧尽才会熄灭。"

　　然而，充分利用火药的威力还需要另一个外部条件：密闭空间。在开放空间被大约 600 华氏度或 300 摄氏度的火焰点燃后，火药只会迅速燃烧，并形成浓烟。只有通过制造密闭空间（比如枪管），让火药向一个方向燃烧，气体迅速膨胀所产生的力量才能把圆石或铁球等抛射物推出，形成对人的杀伤力或者对木头或石头的爆炸力。如无法在封闭空间内有效引导气体膨胀产生的能量，黑火药的应用空间将十分有限。换言之，火药时代的真正到来，需要同时具备两个必要条件：第一是有效的火药配方，第二是能够控制爆炸条件的发射抛射物的工具。这些原理听起来很简单，但实践起来十分困难。和黑火药一样，原始枪炮的起源情况同样缺少详细的历史记载。

22

　　中国四川一处石窟的蹲姿佛像似乎展示了世界上最早的黑火药武器。其中一个雕像手持一个正在冒烟的类似于手榴弹的武器，另一个人在腰间提着一把球状的大枪，枪口还喷射出火花。如果这些 12 世纪早期雕刻的人像所展示的真是火药武器，那么枪械的使用可被提前将近一个世纪。史料的相关记载如此之少，说明当时火器的使用并不普遍，或说明当时的火器技术还不够完善。阿拉伯历史记载的最早的枪出现在 14 世纪初，枪体用竹筒制成，经铁丝加固。这种武器的推进剂是火药，抛射物是箭。由于竹筒内径不够规整，抛射物无法完全与枪管贴合，使用这种武器的人在战斗力上可能不如训练有素的弓箭手。1327 年，英国士兵瓦尔特·德·米拉梅特（Walter de Milamete）在《论国王的威严、智慧和审慎》（*On the Majesty，Wisdom，and Prudence of Kings*）中绘制了一个笨拙的瓶状火器的图画，这是欧洲最早关于枪外形的图像。14 世纪，原始火器已经在封建欧洲的很多地方得到发展和使用。1331 年，德意志军队将一门加农炮运送到通往意大利的山口。1346 年，英国史书记载了在克雷西会战前人们为"国王的火炮"购置黑火药的情况。

最早的火器外观十分古怪，看上去像一个梨状的装置，通常用铁环固定铁板，形成炮管。这种武器在发射时会发出巨大的声响和浓烟，其主要作用是让敌军感到恐慌，而不是造成实际杀伤。据说，这种火器由贝特霍尔德·施瓦茨（Berthold Schwartz）发明，他是"一个来自德国的僧侣和化学哲学家"，人们认为"只有他才有能力将艺术与武器结合得如此完美"。人们常称他为"黑色贝特霍尔德"。据说他出生在弗莱堡市。这座城市在 14 世纪末成为欧洲枪炮锻造和射击训练的中心。他死后几个世纪后，人们创作的一幅奇特的版画展示了他的形象。在画中，他被描绘成一个穿着朴素僧侣服饰的秃头学者，正在一个简陋实验室中仔细观察着金属研钵中发生的爆炸。我们无法确定这个人是否真实存在，很多历史学家都认为他是一个虚构人物，以便将弗莱堡周围出现的诸多科技发展成果归功于他。15 世纪，火器技术飞速发展，尤其是在欧洲。这主要是因为中世纪制钟工匠在为教堂铸造青铜大钟的过程中积累了丰富的技术经验，而大型火器的铸造在流程上与钟的铸造基本相同。

15 世纪末，加农炮（当时大多称为臼炮）引发了社会治理结构的迅速变化。但直至 16 世纪初，随着火药质量的提高和枪炮技术的发展，小型火器才开始广泛运用于军事领域。首先被发明出来的是利用火绳点火的火绳枪，随后是滑膛枪和尺寸统一的短枪。这些武器技术的进步，使枪支逐渐成为士兵的标准武器装备，同时使枪和黑火药的需求在整个 16 世纪急剧增长。到盖伊·福克斯在 1605 年实施火药阴谋时，以及在此之后，获得稳定的黑火药供应已成为欧洲国家生存和发展的关键。

火药的配方并不复杂，但事实证明，获取足够高纯度的火药以满足日益增长的需求却超出了大多数国家的能力范围。原因在于，火药中有一种成分是如此珍贵，以至于人们不惜为之发动战争，还成立了许多大型商业公司，在世界范围内寻找和采购这种自然资源。同样因为这种难以捉摸的物质，许多离奇的法律法规也被制定出来，由此产生的矛盾外溢出欧洲，引发了全球性冲突。人们开始了长达多个世纪的对这种原材料的争夺，而随着爆炸力更强的新爆炸物的出现，这种争夺变得越来越激烈。

24

第二章

黑火药的灵魂：神秘硝石的探寻之旅

人们不该把制造火药的硝石从善良的大地腹中发掘出来，使无数大好的健儿因之遭到暗算，一命呜呼；他自己倘不是因为憎厌这些万恶的炮火，也早就做一名军人了。

——威廉·莎士比亚，《亨利四世》，1598 年

培根苦苦隐藏的关于"制造雷鸣和闪电"的配方，在现代人看来并不复杂，不过是硫黄、木炭和硝石的混合物。将这三种物质碾成粉末，充分混合，然后将混合物筛成大小相当的颗粒，就制成了火药。火药的颜色在黑色到浅棕色之间，具体颜色主要取决于木炭的比例，但大多数火药都呈黑色，因此俗称黑火药。17 世纪哲学家约翰·贝特（John Bate）对火药中不同成分在燃烧过程中的作用进行了生动的描述："硝石是火药的灵魂，硫黄是火药的生命，木炭是火药的身体。"硝石能够加速硫黄的燃烧，木炭能保证燃烧的稳定性，并通过其多孔结构增加其与空气的接触。思考爆炸具体是如何产生的，是自然哲学家的崇高使命；思考如何在火炮和炸弹的使用中充分利用火药的效能，则是枪炮手和士兵的责任，这虽然看似平淡无奇，但仍是值得尊重的；而硫黄、木炭和硝石的获取与提纯，则是无数来自农村和城市的工人的工作，他们在前工业时代的恶劣环境中辛勤劳动，远没有自然哲学家和军人的工作那么光鲜。

硫黄，也称为硫黄石，是一种黄色的脆性物质。硫黄无味无臭，不溶于水，燃烧时会产生淡蓝色的低温火焰，在家庭环境中使用具有较高的安全性，因此几千年来人们都用硫黄来点火或制作灯芯。由于燃烧后会产生刺鼻的气味，硫黄常被用于制作宗教仪式中使用的香，也可用作驱虫剂，用于节日、马戏团和剧院的烟火表演，以及清除房屋中瘴气（人们当时认为这是大多数疾病的来源）

26

的熏蒸物。硫黄还可用于纺织品的漂白。在很多人看来，硫黄是一种与魔鬼和地狱存在某种联系的神秘物质，这大概是因为硫黄矿大多分布在火山和天然温泉附近，也可能是因为它燃烧时会产生可怕的气味。

《圣经》中多次提到硫黄。比如，"耶和华将硫黄与火，从天上耶和华那里，降与所多玛和蛾摩拉"①，以及"他要向恶人密布网罗；有烈火、硫黄、热风"②。古希腊游吟诗人荷马写道："弄些个硫黄给我，老妈妈，去邪的用物，取来火把，让我净熏厅府。"罗马历史学家老普林尼认为，硫黄石"是一种极其特殊的土质，对其他物质拥有强大的力量"，还有"治疗作用"。英国诗人弥尔顿（Milton）、骚塞（Southey）和柯勒律治（Coleridge）也用硫黄来隐喻魔鬼。罗伯特·骚塞在他的作品《魔鬼的漫步》（*The Devil's Walk*）中写道：

> 黎明时分，从他的硫黄床上起身，
>
> 一个魔鬼开始漫步，
>
> 这个世界如同他可爱的小农场，
>
> 他端详着农场中的一切。

硫黄虽然广泛分布在世界各地，但纯硫黄的供给量难以满足商用。它经常与铜、铁、铅和锌等金属元素或钡、钙（石膏）、钠或

---

① 《创世记》19:24。——译者注

② 《诗篇》11:6。——译者注

泻盐等非金属元素以化合物的形式存在。一直到 19 世纪，易于开采的硫黄矿都主要分布在火山地区，尤其是意大利的西西里地区。这里围绕硫黄资源形成了一整条原始的产业链。由于生产过程造成大量的资源浪费和严重的环境污染，西西里农村地区的环境大多不堪入目。工人们将未经提纯的硫黄石呈蛇形堆放在山坡上，覆盖上炭灰和土灰，然后点燃被覆盖的硫黄石。随着火势缓慢向山下蔓延，硫黄会从石灰石中溶解出来，形成一条散发着刺鼻气味的黄色溪流，在下游被工人用大桶收集起来。在这个过程中，大约一半的硫黄都会被作为燃料烧掉，只有剩下的一半用于进一步提纯。硫黄燃烧中产生的二氧化硫气体会飘散几英里之远。在酸化作用下，这些气体所到之处几乎寸草不生，使原已十分荒凉的火山地区看上去如同人间地狱一般。但这时收集到的仍然是纯度不高的天然硫黄，还需将其放入陶壶中熬煮，进行进一步提炼。蒸发后的硫黄将通过导管进入另外的容器，凝结成液体，使杂质留在第一个容器。

木炭的生产加工过程也早不是什么新鲜事。当火药于 14 世纪在欧洲流传开来时，木炭的生产和贸易已有很长的历史。木炭的成分几乎是纯碳，能够在高温下燃烧，不会产生太多烟尘，是理想的家庭燃料，也可用于分离矿石中的金属。但是，将木头转化为木炭是非常辛苦的工作。烧炭工首先需要砍伐树木，将其锯成 8 英尺长的圆木，并将圆木搭成直径 20 英尺的中空锥形结构，类似于一个条幅密集的帐篷框架。烧炭工还需在这些圆木的缝隙中塞入碎木，并在整个锥形圆木堆上覆盖沙土，用于隔绝氧气和保存热量。随后工人将燃烧的木炭放置在锥形结构中央，直到所有的木头都被闷烧为木炭。但采用这种原始方法制成的木炭纯度不够高，达不到火药

28

制作的标准。14 世纪初，人们研制出更高效的烧炭方式，比如利用铁缸来烧炭。人们还发现，不同的木材可以用于制作不同类型的火药：榛木和山茱木适合制作颗粒较小、燃烧较快的火药，用于小型枪支，而柳木和桤木则适合制作颗粒较大的火药，用于大型加农火器或用于爆破岩石。

火药的第三种重要成分是硝石，这是火药和未来其他爆炸物的灵魂。硝石一词在拉丁语中是"石盐"（sal petrae）的意思，因为人们最早发现的硝石就是石砖、石墙或肥沃土壤上的白色粉状风化物。阿拉伯作家有时称之为"中国雪"。由于硝石所具备的化学属性，它在整个欧洲都饱受赞誉，被认为是一种非常珍贵的物质。炼金术士将硝石用作金属的分离剂和清洗剂，玻璃制造者将硝石用作沙子的清洗剂，纺织品染工用硝石制作染料，农民用硝石制作肥料，普通民众则将硝石用作肉制品的防腐剂。人们还认为硝石是治疗多种疾病的药物。17 世纪初，一位名叫托马斯·查洛纳（Thomas Chaloner）的爱尔兰绅士在一篇文章中记录了"住在伦敦齐普赛街索普巷的一位药剂师"对硝石的论述，其中提到硝石不管"对贫民还是贵族而言"都是一味良药，还具体罗列出硝石许多奇怪的药效：

29

用于治疗皮肤癣和皮肤溃烂的清洗液；

用于治疗身体各个部位瘀斑和脓包的药膏或膏药；

用于治疗麻风病在人面部所造成瘀斑的药膏；

用于治疗毛囊虫病的软膏；

用于加速天花和麻疹病人康复的药水或药膏；

用于切除痈病产生的坏死组织时的药物；

消除头部和其他部位的寄生虫；

清洗牙齿和治疗牙疼；

清洗肠道。

　　17 世纪另一本名为《硝石的自然史：关于硝石的性质、产生、地点和人工提取及其优点和用途的哲学论述》（*The Natural History of Nitre; or, a Philosophical Discourse of the Nature, Generation, Place and Artificial Extraction of Nitre, with Its Vertues and Uses*）的书中，作者英国炼金术士威廉·克拉克对硝石的化学成分进行了朴素的分析，介绍了在哪些地方可以发现硝石。书中充满了他的哲学思考和对硝石神奇力量的赞誉。他强调了硝石作为黑火药的成分之一在"伟大而崇高的炮兵艺术"中的应用。他写道："硝石的燃烧猛烈，不像其他物质那样缓慢温和……我们可以注意它燃烧时火焰的清亮色泽，就像太阳发出的光一样。"他称硝石是大自然"深藏的宝物"，不知"大自然为何要在大地中埋藏如此神奇的矿产"。

　　在 19 世纪中叶以前，人类获取硝石的唯一来源是土地，尤其是动植物残骸被大量分解的农田周围。屋外厕所、畜棚、马厩和鸽舍中都可自然形成硝石。此外，在人口众多的城市，肮脏的街道上和窄巷中，与土壤浸渍在一起的有机物在分解过程中逐渐硝化，渗透到地面和墙上，形成一层白色的粉末，细心的硝石收集者连这些地方也不会放过。在很多城镇，屋外厕所的茅坑中会安装一个特殊的托盘，等待专门的人来清理粪便。在农场，人们会刮掉土地的表层，运送到硝石床进行提炼。克拉克还给出建议：“用小刀挖一些泥土，用手焐热，以判断其质量。然后品尝其味道，如果成色好，舌头会有刺激感，类似于香料……如果被点燃，土地会立刻火光四射。”

许多早期欧洲理论家尝试解答，为什么只有特定区域才能产生硝石，是什么神秘的过程创造出如此宝贵的物质。对于这个问题，克拉克写道：“勤劳的蜜蜂在黑暗中筑造蜂巢，蜂巢中有我们能看到的蜜蜂劳作的结晶：蜂蜜。同样，蚕织茧的过程，我们也很难观察到，一切都在蚕茧里进行。许多化学家的实验也极具个人特点，人们虽然清楚这些实验的目的，但对实验的准备过程不得而知。总之，我们可以了解事物本身，但往往很难了解其具体形成过程。硝石的形成机理，也属于类似的现象，很难给出确切的解释。”他尝试给出的解释是：“大地最早被上帝创造出来。大地中许多物质，凭借来自造物主的力量，拥有自我保存和复制的能力。同理，造物主不但创造了硝石，还赋予它自我复制和永续存在的能力。”

尽管硝石经常出现在不洁净的地方，但它如此珍贵，以至于威廉·克拉克等炼金术士认为它产生于某种特殊乃至神圣的力量。根据大多数人的观察，硝石是“人类和其他动物的尸体、尿液或粪便以及红酒或啤酒等液体”通过某种化学反应而产生的，但克拉克认为这种物质的产生“与空气有关”，而空气的这一特性也是导致天空中出现流星、闪电和雷鸣的直接原因。为了保证这种宝贵而纯洁物质的名声不被玷污，他声称：“生物的粪便和尿液并没有作出物质上的贡献，没有转化为硝石中的成分，这些物质只是在腐烂的过程中提供了热量，高温和干燥的环境是硝石形成不可或缺的条件。”

总之，他认为硝石是神圣空气的产物，而不是来自大地上平凡的泥土。克拉克看似在进行科学分析，但他的文字充其量只是当时对硝石的社会价值和商业价值的朴素思考，缺少可重复检验或量化的科学假设。当然，现代人已经掌握了其中的原理，硝石是在有机物分解过程中由菌类活动产生的。在硝化反应过程中，动植物腐烂物中的氮元素被转化为硝酸盐，并在土壤中不断积累。含氮有机物的浓度越高，硝化反应就越强烈。另外，高温的确能加速细菌活动，从而提高硝化反应的速度。

含有硝石的土壤被发现和收集后，会被带到浸煮房进行提纯。提纯的基本流程沿用了好几个世纪。从威廉·克拉克在 1670 年详细记录的 16 世纪硝石提纯法，到美国独立战争时发放给农民的操作手册，都为普通人在硝石床上小规模提纯硝石提供了类似的指南。具体而言，工人会将一个铺有陶土的浅坑用作硝石床，在上面堆放含有硝石的硝土，通过掺杂树枝、树叶等物来保持土壤的疏松状态。土堆的深度和宽度大约 1 米，长约 6 米，类似于一个埋葬腐烂物的大坑（很像刚挖好的坟墓）。17 世纪人们称这种用于制作硝石的土堆为"混泥汁"（concrete juice）。工人们每周都要在土堆上浇淋粪便、尿液、粪水和其他来自厕所、污水池和下水道的水，这些散发着恶臭的液体让硝石床上的土始终保持潮湿状态，但与此同时水分也不能太多。随着时间的推移，硝石逐渐被蒸发到土堆表面，形成类似于盐的白色粉末。当白色粉末达到几英寸厚之后，会被取至浸提间，放入一个大容器，容器底部装有可人工控制的出水口。工人们会在其中加水并搅拌，晾上一天后装入另一个容器，这时的半成品被称为"原液"（raw liquor）。为了最大限度提取硝石，

32

需经多次浸提后，才能进入下一个环节。

接下来人们对"原液"进行加温，并混入木灰（碳酸钾），或把溶液倒在木灰上，让木灰吸收其中的硝酸钙、硝酸镁等杂质，并在溶液中添加钾元素。这时形成的被称为"净液"（scoured liquor）的溶液将被再次加热，从而去除其中的氯化钠等剩余杂质。由于硝石在沸水中的溶解度高于氯化钠，在冷水中却低于氯化钠，因此在煮沸过程中氯化钠会结晶为沉淀物，被人们从锅底取走。不纯的有机浮渣也会附着在容器表面，需要定时进行清理。溶液静置冷却后，粗硝石会在容器底部形成结晶，但其纯度仍然不够高。这时的溶液被称为"彼得之母"（mother-of-Peter），还需加入胶或血液，进一步提取液体中的杂质，直到溶液变得清澈起来。这时形成的硝石结晶才能达到商业应用标准。从上述描述可见，硝石提纯的过程极为烦琐，耗时极长。

对很多人来说，制作硝石的工艺不仅是一门生意，更是一门艺术，激发人们创造出许多优美的文字。威廉·克拉克写道："我不知道有什么实验能比从肮脏的泥土中提炼出这种美妙的结晶更让我感到兴奋。它美丽的躯体来自混沌本身，最好的比喻是它来自'无用的遗骸'，却极具精神维度的崇高性。参与制作的工人无不惊讶地端详着硝石。"但 17 世纪人们提炼硝石的驱动力不仅来自对硝石本身的喜爱和对美的追求，还有一个更实际的目的：国家安全。

尽管生产出少量的硝石需耗费大量人力和时间，但人们别无选择。如果处理得当，一个中型的养马场能提供的马粪和马尿中，大约能提取 1000 磅硝石，但即便这样的产量也难以满足欧洲国家的战时需求。随着枪炮和炸药在战争与采矿业中应用得越来越广泛，硝石的需求不断增长。毕竟,在军用火药中,每一份木炭和硫黄需要搭配六份硝石。欧洲大陆提供的硝石远远无法满足战争、农作物的施肥以及新爆炸技术研发的需求。17世纪初,欧洲各国突然意识到,由于缺少这种粉状风化物,它们不但难以实现各自的野心,连抵御外来入侵都成为问题。

* * *

这幅版画展现了前工业时代人们为了制造火药而通过"硝石床"生产硝石的原始方法。

1626年,英格兰国王查理一世向他统治地区"所有城市、城镇和村庄的臣民"发布了一道无论在那个年代还是任何其他时代都堪称奇怪的诏令，要求他们"务必用合适的容器储存一整年所有的人类尿液和动物排泄物……并用一切手段做好这些物资的保存工作"。这些物资的目的是用于浇淋硝石床。国王和他的建议者们认为这一命令是为了更好地提供"公共服务"，因为如果没有硝石，就无法制作火药以维护国家利益。当时只有特别"高贵"的人可以免于这一义务。至于普通人，一旦对这一政策提出异议，就可能被扣上"蔑视和损害人民的人身与财产安全"的罪名，并受到严惩。虽然这一对公民自由造成侵害的命令只持续了一年时间，但类似的命令在整个 17 世纪频繁出现，对英格兰以及其他欧洲国家公民的生活造成了巨大的困扰。

在此之前两年，查理一世还颁布过另一道诏令，告诫臣民不要在房屋和谷仓铺设地板或在建筑物之间修建木制道路，以免妨碍硝石的自然生长。国王认为破坏硝石是置个人利益于公共和国家利益之上的自私行为。诏令开头写道："在我们的领土上生产的硝石和火药，对我们以及全体臣民而言都是巨大的利益，是国家力量的象征，能够保卫我们的安全，防御外敌入侵。但硝石不易获取，需要花高价在国外购买，而且购买到的硝石，也可能被劫走，可能在运输过程中因为风浪而耽误，或因为海上沉船或伤亡事件而损失掉……这样一来，我国的财富就减少了，外国则变得愈加富强。"国王在诏令中呼吁人们"保护能够产生硝石的土地，恢复已被破坏的土地，尽一切能力协助国王的硝石工人"。在接下来几十年的类似诏令中，查理一世要求所有人在房屋和谷仓的地上"铺上易于产生硝石的肥沃土壤"。如今看来，这一法令显然违背了公共卫生法规。

"一心为公"的查理一世不仅禁止民众通过铺地或修路来破坏地面的泥土，还大幅扩大公职人员即硝石官的权力，这一官职虽然只存在了几十年，但比税务官更令人厌恶和害怕。早在 1606 年，英国就成立了专门委员会调查人们对硝石官滥用职权的投诉，在伊丽莎白一世统治下的农村地区，官员滥用职权的问题非常普遍。硝石官拥有来自王室或王室供应商的特许状，有权在乡村的厕所、鸽舍和粪堆寻找"宝藏"。无论在什么位置发现硝土，他们都会就地开挖，然后运走进行加工。30 多年来法官收到的大量投诉显示，民众对硝石官极为反感。这些人收受贿赂，强征私人车辆用于运输硝土，无情地破坏私人住宅和谷仓的地面。屋内的木板要么直接被破坏，要么被杂乱地堆放在旁边。如果民众不配合，他们就进行威胁，扬言要破坏更多的地面。收获季的谷仓、鸽子交配期的鸽舍、麦芽发酵时的麦芽作坊，常因这些行为而遭受巨大破坏，而硝石官从不关心自己给民众的家庭和生计带来的麻烦。1629 年，托马斯·杰维斯爵士（Sir Thomas Jervoise）曾将公共集会中民众表达的意见传达给负责这一事务的海军部委员会成员。他提道，声名狼藉的硝石官有时会打碎居民卧室的地板，把储存硝土的容器直接放在老人和病人的床边，甚至连分娩的女性和临终者都无法幸免。虽然查理一世承认"在家中挖硝土给自己的臣民带来了许多麻烦，以至于怨声载道"，但他仍下定决心减少英格兰对主要来自柏柏里地区、法国、波兰和德国的外国硝石供应商的依赖，降低硝石供应的不稳定性，因为一旦战争爆发，这一重要物资会立马断供。

历史学家凯文·夏普（Kevin Sharpe）在人物传记《查理一世的个人统治》（*The Personal Rule of Charles Ⅰ*）一书中写道："总

36

37

体上说，当时很难约束硝石官的行为，因为火药的需求太迫切。正如温布尔登子爵（Viscount Wimbledon）在1635年时所言，'对英格兰王国而言，火药比城墙还重要……必须在和平时期加以储备，未雨绸缪，如果等到战争爆发时才做准备则为时已晚'。"根据1656年国会出台的法案，硝石官要在得到房东同意后才能采集硝土，此后硝石官的行为才有所收敛。但是不管硝石官工作有多么努力，都无法满足英格兰哪怕三分之一的硝石需求。1639年，为了发动对苏格兰的战争，查理一世不得不从海外进口大量硝石。17世纪末，一份提交给下议院的请愿书中描述了当时英格兰硝石短缺的严重程度："硝石是非常重要的商品。缺少这种物资，我们无法战斗，也无法开展贸易，连船都无法驶向大海。尤其是在战争期间，我们有必要从其他国家采购硝石，甚至包括从敌国获取硝石，这符合我们的利益。因此，当前形势下，最关键的问题不是购买多少，而是我们有没有下定决心购买。"

请愿书中还阐明了硝石在那个年代的诸多用途："由于英国在硝石上的短缺，而硝石是玻璃的重要成分，许多玻璃生产商都濒临破产。硝石还是重要的染料，由于硝石匮乏，染料商无法为产品染上红色和蓝色。我国的商人只能把布匹送到荷兰去染色，荷兰人凭借其与土耳其人做贸易的优势，成本比我们更低，这损害了英国羊毛制造商的利益。"当地"专利持有者目前只能生产出少量硝石，但考虑到商品的价格很高，他们已经在尽可能增大产能，以创造更多的利润"。

当时受硝石短缺困扰的不只有英格兰，整个欧洲都面临这个严峻的问题。随着战争的临近和爆发，这一需求不断上涨。几乎所有欧洲国家都设置有在全国范围内收集硝石的不同形式的机构，任何存在硝土之处，都被认为是国王的财产。可以说，在整个欧洲，几乎每一个农场、马厩、鸽舍、屠宰场和厕所都遭到硝石官"洗劫"，这些人的收入直接与硝石产量挂钩。当制作火药的硝石告罄，所有的军队和舰队只能回到冷兵器时代。威廉·克拉克甚至说："航海家宁可失去指南针的指引，也不愿失去火药。如果缺少硝石和硫黄所赋予的灵魂，船上的大炮不过只是一个无用的摆设，不能给敌人带来任何恐惧感。"硝石是战争中的战略物资，整个欧洲都在争夺这种极其有限的资源。法国的硝石产量只能满足自身的一半需求，英国更是只有可怜的三分之一。

对这些欧洲国家而言，幸运的是，17 世纪初，一个新的储量更丰富的硝石产地即将被人们发现，登上历史的舞台。

* * *

烈日当空，空气干燥。一群皮肤黝黑、穿着白色缠腰布的人，不顾炎热的天气和扬起的尘土，驱赶着慵懒的牛群，来到农场边缘处一大片被翻搅过的肥沃土地上。他们时而叫喊，时而用棍子驱赶牲畜，让这些温顺的动物在这个区域停留半小时，然后又赶着它们到其他田野吃草。一天下来，他们要赶不同批次的牛群来到这里。在放牧之余，这些人还用铲子和锄头翻土，直到牛群的排泄物慢慢将整片土地浸透。

这些工人是印度地区低种姓的奴尼亚人①和贝达尔人，他们世世代代的工作就是锄地、挖沟和修路。而刚才所描述的是他们在旱季经常做的事情：为荷兰和英国的公司提供粗硝石。这些公司对硝石的需求量越来越大，还在印度东北部恒河上游的巴特那（Patna）修建了办公场所和大型仓库。进入 10 月后，肥沃的土地上就会形成生硝石，奴尼亚人负责刮取这些生硝石并运送至加温提纯处。他们利用牛群制作硝石的工作高度保密，这并不是因为这项工作违法。历史学家纳拉扬·普拉萨德·辛格（Narayan Prasad Singh）指出，保密的主要原因"是不惹怒富人……在印度拥有牛群的人往往是有地位的印度教徒或穆斯林，他们很反感这种操作，认为奴尼亚人和贝达尔人是低贱的人，或不想让这些人（在靠近农舍的地方）偷看自己的女人"。所以，尽管这些硝石工人希望在靠近农场中心的地方获取硝石，但由于"不能靠近拥有这些牛群的上流社会住宅区域，更不能接触富人家庭的女性"，他们不得不花更多的时间和精力把牛群赶到更偏远的地方制作硝石。几乎所有村民都同意他们这样做，以免他们离自己的房子和家人太近。

奴尼亚人和贝达尔人在硝石制作中付出的艰辛很少被人提起，他们所得到的回报也少得可怜。但他们生产出来的硝石的质量非常好，从而使 17 世纪末的印度成为欧洲最主要的硝石供应地，许多中间人、经纪人和监管硝石贸易的官员在硝石贸易中赚得盆满钵满。在比哈尔（Bihar）和孟加拉地区农场里被污水浸泡的土地上，硝石的产量和品质尤其高，因为这一地区气温高，旱季长。据一位

① 在印地语中，奴尼亚有"制盐人"的意思，"盐"即指硝石。——译者注

41

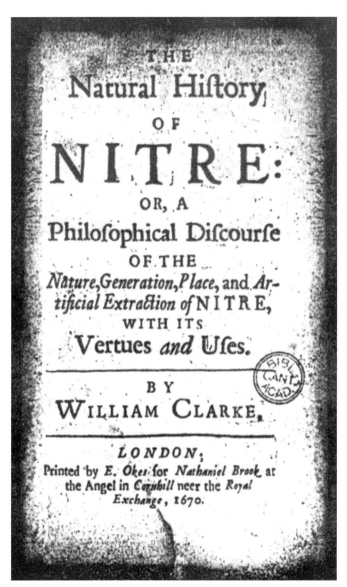

THE
Natural History
OF
NITRE:
OR, A
Philosophical Discourse
OF THE
Nature, Generation, Place, and Ar-
tificial Extraction of NITRE,
WITH ITS
Vertues and Uses.

BY
WILLIAM CLARKE.

LONDON;
Printed by E. Okes for Nathaniel Brook at
the Angel in Cornhill neer the Royal
Exchange, 1670.

这是威廉·克拉克大约在1670年出版的《硝石的自然史》的扉页。硝石是制造
火药和其他爆炸物不可或缺的原料，是17世纪欧洲极为稀缺和重要的资源。直
到19世纪中叶，硝石仍然是欧洲从印度进口的最重要商品之一。

17 世纪的学者说："在东印度，能够与香料媲美的只有硝石。"尽管比哈尔地区的硝石制作工艺很原始，效率不高，但这里的硝石产量非常可观，其他地区难以望其项背，这里名副其实是硝石行业的"黄金国"。18 世纪，很多欧洲公司都在此设置了代理人和仓库，并与产地建立起社会和商业关系。印度其他硝石产地则因为产量太小而逐渐走向没落，因为硝石比较重，经常被欧洲船只当作压舱物，配上其他价值更高的货物后才发往欧洲，小产地的产量完全达不到货船压舱物的重量。此外，在 17 世纪中期到 18 世纪，欧洲频繁发生的战争在很大程度上跟印度硝石的产量有着密切的关系。

　　17 世纪下半叶和 18 世纪初的欧洲，瑞典、丹麦、法国、荷兰、西班牙、葡萄牙、神圣罗马帝国、俄国、波兰和奥斯曼帝国之间不断形成各种复杂的联盟，相互之间冲突不断。在这期间，欧洲大陆几乎不存在没有战争的年份，因此，这一时期硝石的价格和需求波动剧烈。尽管有时硝石非常紧俏，但从事这种商品的贸易并不能长期获得稳定的收益，与靛蓝、丝绸和穆斯林棉等高利润的商品相比，硝石在货仓中只能算其他商品"糟糕的邻居"。虽然不同年份的硝石需求量差异很大，但长期来看在稳步增长。经济历史学家 K. N. 乔杜里（K. N. Chaudhuri）在《亚洲贸易世界与英国东印度公司：1660—1760》（*The Trading World of Asia and the English East India Company*，*1660-1760*）一书中分析了这一时期硝石价格和需求剧烈波动的原因，认为"欧洲的战争与和平形势是影响需求端最重要的因素"。霍尔登·弗伯（Holden Furber）也在《东方贸易中的帝国竞争：1600—1800》（*Rival Empires of Trade in the Orient*，*1600-1800*）一书中提出，在整个 17 世纪下半叶，"公司来自孟加拉的硝石销量不断上升，反映了当时欧洲好战情绪的不断高涨"。

早在 16 世纪，葡萄牙商人就悄悄从他们在印度果阿（Goa）地区的据点向欧洲运输硝石，但当时总量较少，其中大部分硝石都用于满足葡萄牙国内市场的需求。最早将硝石大批量出口到欧洲市场的是荷兰东印度公司。早在 17 世纪初，他们就在印度东南部的科罗曼德尔海岸修建了工厂和仓库。英国商人紧随其后，在与荷兰竞争印度尼西亚的香料贸易失败后，开始在印度东南部的马德拉斯和西海岸的孟买建厂。硝石很快成为英国东印度公司和荷兰东印度公司的主要出口商品之一。历史学家贾格迪什·纳拉扬·萨卡尔（Jagadish Narayan Sarkar）在《印度历史季刊》（*Indian Historical Quarterly*）中评论道："硝石在英国的需求量是如此之大，以至于东印度公司的高层制定了年度供应的长期订单。"尽管硝石价格的波动极大，但英国和荷兰公司仍然从商业活动中获得了巨额利润，向股东支付了丰厚的股息，并向各自政府缴纳了大量税款。

18 世纪初，欧洲国家在印度硝石市场的竞争日益激烈。除了荷兰和英国的东印度公司，法国、丹麦、瑞典和奥地利的公司也加入竞争，争夺印度硝石。当时荷兰人占据主导地位，在当地拥有最大的仓库和经验最丰富的工人，以及最高效的驳船运输系统（硝石很重，不适合陆地运输）。英国公司代理商略带妒忌之情地记录了当时的困境，一位代理商坦白："荷兰人能把生意做得更好。"另一位代理商则抱怨道："荷兰人傲慢无礼，所有合同都可能被他们撕毁。"总体上看，争夺印度比哈尔硝石所形成的政治景象就像一场

43

高端交际舞会，随着曲调和节奏的变化，人们不断更换舞伴，在舞厅中婀娜旋转。然而，在舞者的优美舞姿和庄严仪态下，暗流涌动着的是相互间的嫉妒和阴谋。的确，在长达一个世纪的时间里，这场危险且涉及大量利益的游戏中充斥着不为人知的操纵、粗暴的威胁、肮脏的贿赂和勒索，有时甚至涉及赤裸裸的暴力活动。为了拥有稳定的硝石货源，公司代理商必须深度了解和参与当地政治，知道应当向谁缴税，向谁私下行贿，以及出现麻烦时（这样的情况很多）向谁寻求帮助。经过几十年的经营，商人已经与当地政府和商业家族形成了紧密的政治和社会联系。

统治当今印度大部分区域的莫卧儿帝国统治者当时声称拥有该地区所有硝石的垄断权，有时还垄断其他商品的贸易。历史学家纳拉扬·普拉萨德·辛格探讨了政府与欧洲贸易者之间复杂的关系。1646 年，后来成为莫卧儿帝国统治者的奥朗则布（Aurangzeb）下令禁止向基督徒出售硝石，原因是"这位君主受部分宗教人士蛊惑，迷信地认为这是非法的，因为欧洲人可能会用这些东西来对付摩尔人"。实际上，当地政府腐败不堪，欧洲人经常通过贿赂、敲诈等各种手段获取硝石，还想方设法满足总督、政府官员和强大的印度商业家族的各种需求。一位英国代理商在 1664 年提道，沙伊斯塔汗（Shaista Khan）要求"英国人和荷兰人帮他打仗，并提供各种他需要的装备"。1679 年，一位名叫约伯·查诺克（Job Charnock）的东印度公司商人写道："当地政府严重失序，低级别官员都可对我们颐指气使，以攫取更多利益。"莫卧儿帝国的官员试图抬高硝石的价格，欧洲公司则希望通过集体协商的形式压低价格，但由于欧洲公司内部不团结，这些努力大多以失败告终。

1739 年，一支荷兰武装团伙抢走了一批英国和荷兰的商人共同购买的硝石，据说在商人向当地总督行贿后，该团伙才退还了英国购买的部分货物。1746 年，巴特那的荷兰代理商凭借其对驳船公司的强大影响力，提前租用所有驳船用于运送荷兰购买的硝石，导致英国货物全部滞留在陆地。18 世纪四五十年代，荷兰商人几乎控制了比哈尔地区一半的硝石出口，远远超过其他国家。

荷兰东印度公司将大量硝石运到阿姆斯特丹后，立马向整个欧洲出口，英国东印度公司则没有这么大的商业自由度。作为一种公关姿态，英国公司将硝石全数运回英国，以安抚国内众多要求终止商业公司垄断权的煽动者。1702 年，英国东印度公司按照其新章程的规定每年需向英国王室以优惠价提供 500 吨硝石，否则将被剥夺带银条出境的权利——银条是公司在东方从事贸易的主要货币且无须缴纳高额的出口税。在某种意义上，英国东印度公司通过向英王上交硝石来维持其在其他贸易方面的垄断地位。从这个角度看，不同于荷兰东印度公司，英国东印度公司进口硝石不是完全以追求利润为目的的商业行为。每当英国进入战时状态，英国东印度公司就被迫停止向其他欧洲国家出口硝石。在和平时期，公司反而能够将更多的硝石出售给其他国家，获得更多利润。总之，英国东印度公司的硝石贸易与英王的政治野心存在密切的关系。由于英国的硝石行业极不稳定，英国东印度公司不得不积极参与印度的政治事务，以确保英国拥有相对稳定的硝石供应。

1707 年，89 岁的莫卧儿帝国皇帝奥朗则布去世后，莫卧儿帝国逐渐走向衰落，当地的商业环境变得越来越差。莫卧儿帝国王室是蒙古人后裔，公元 16 世纪，当葡萄牙商人刚在果阿地区建立据

45

点时，蒙古大军从中亚一路向南入侵并占领印度。莫卧儿帝国的军队通过征战不断扩大帝国的疆土，囊括了南亚次大陆大部分区域，包括今天的印度、巴基斯坦和部分阿富汗地区。从 1658 年执政到 1707 年的奥朗则布是一位虔诚和有些偏执的穆斯林，大肆迫害莫卧儿帝国境内的印度教徒。他去世后，帝国迅速解体，许多长期以来被奥朗则布强力压制的地方统治者伺机寻求独立。随着权威的衰落，中央政府维持和平的能力急剧下降，交通和贸易逐渐被地方统治者与土匪强盗控制，腐败现象也变得越来越猖獗。面对政府力量的衰落和权力等级制度的瓦解，当地贸易公司朝军事化的方向转型，建立起小规模的常备军。这些军队有时还会被地方统治者雇用，参与地区权力斗争。

许多公司尝试通过操纵当地政治和经济事务来获得优势。经过多年激烈的斗争，法国东印度公司在约瑟夫·弗朗索瓦·杜布雷（Joseph François Dupleix）的领导下，尝试在莫卧儿帝国没落后重新整合欧洲力量，建立起欧洲对当地的政治控制。奥地利王位继承战期间，法国派出军队到印度袭击英军。1746 年，在这支法国军队的帮助下，杜布雷迅速攻占马德拉斯（Madras），试图驱逐驻扎在这里的英国人。这场持续到 1749 年的战争，看似是法国和英国的东印度公司之间的斗争，实际上得到各自宗主国和印度盟友的帮助，最终英国重新控制了马德拉斯。这场冲突体现出英法两国军队在武器、训练等方面相较于当地军队的巨大优势。在这个过程中，欧洲东印度公司的性质也发生了微妙的变化，不再是单纯由商人组成的贸易公司，同时还是一支具有强大战斗力的军队。即使欧洲处于和平时期，印度的欧洲公司之间仍冲突不断。实力最强的法国人和英国人在印度南部马德拉斯周边地区扶持不同的纳瓦布①，并为他们提供军队和武器。1756 年爆发的七年战争很快波及印度，激化了不同欧洲公司间原本就存在的矛盾。最终，在罗伯特·克莱武（Robert Clive）的带领下，英军及其盟友打败了法军及其盟友，结束了法国在印度的政治军事存在。在 1757 年的普拉西战役中，克莱武率领 1100 名英国兵和 2100 名印度兵战胜了孟加拉纳瓦布的 5 万步兵和骑兵，后来还打败了驻扎在钦苏拉（Chinsura）的荷兰军队，开启了英国在印度的殖民统治时期，并切断了法国的硝石供应，直至战争结束。有历史学家认为，法国之所以同意在 1763 年签订《巴黎和约》，结束七年战争，一个关键的原因就是缺少制作火药所需的硝石。1765 年，莫卧儿帝国皇帝沙·阿拉姆二世（Shah Alam Ⅱ）将孟加拉、比哈尔和奥利萨（Orissa）邦的行政管理权授予英国东印度公司，使之成为英帝国殖民统治印度的行政机构。

占领孟加拉后，英国迅速打破之前荷兰人对印度硝石的控制权，严格限定了所有欧洲东印度公司可购买硝石的配额。荷兰的配额最初是每年 28000 莫恩德②（不及之前欧洲硝石需求量大时荷兰出口量的一半），18 世纪 60 年代进一步下降到 23000 莫恩德；法国的配额是 18000 莫恩德；19 世纪初丹麦和美国进入该市场后，两国的配额均为 16000 莫恩德。由于印度处在英国的控制下，每当英国与其他欧洲国家发生战争，英国的敌对国就会完全失去进口硝石的

①　印度莫卧儿帝国时期各邦总督的称谓，亦称苏巴达尔。——译者注
②　印度等国家使用的重量单位，1 莫恩德大约相当于 82 磅。——译者注

途径，有时甚至连第三方国家也无法获得硝石，因为英国担心这些国家把硝石转卖给自己的敌对国。这样一来，硝石逐渐成为英国重要的政治工具。1758 年，失去之前稳定的印度硝石供应后，法国不得不依赖国内质量更差的硝石。要不是因为 1776 年担任法国军火管理处负责人的安托万-洛朗·拉瓦锡（Antoine-Laurent Lavoisier）大幅提高了法国国内的火药产量和质量，美国独立战争时期法国对英国的火力打击能力将更加有限（在独立战争初期，美国本地无法生产硝石，英国当然也暂停了向美国的硝石运输。当时本杰明·富兰克林领导下的一个秘密委员会从法国和荷兰采购了大量火药）。在法国大革命和拿破仑战争期间，面对英国的贸易封锁，法国完全依靠成本更高的国内硝石。1812 年战争期间，英国皇家海军通过封锁美国港口中断了印度硝石对美国的供应，迫使后者紧急寻找替代性硝石进口来源。在南北战争期间，北方美利坚合众国主要依赖英国提供的来自印度的硝石。

总之，当英国与印度比哈尔、孟加拉等地的关系从单纯的贸易关系转变为治理与被治理关系后，英国获得了稳定的硝石供应，同时切断其他国家的硝石供应也成为英国的制敌法宝。虽然英国主导着硝石行业，但直到 19 世纪，印度仍然是全球主要的硝石来源地。经济史学家霍尔登·弗伯记录了整个 18 世纪硝石的使用量急剧增长的趋势。他认为"硝石需求的增长不仅是因为 17 世纪和 18 世纪的战争对火药需求的增长，还因为随着火药生产工艺的提高，火药成分中硝石所占比例相对于硫黄、木炭也逐渐提高。1660—1785 年间，硝石在火药中的成分占比从 66％上升到 75％，而在 16 世纪这一比例只有 50％"。这一事实从英国的印度硝石出口量上可得到直观反映。17 世纪 60 年代的年出口量为 600 吨左右，到 18 世纪初西班牙王位继承战争结束时，年出口量上升到 2000 吨左右；到 18 世纪末拿破仑战争时期，更是在之前数字基础上翻了 10 倍，达到惊人的 20000 吨。

尽管印度硝石行业不断发展，但最终，在 19 世纪中期科技进步的推动下，印度硝石难以满足全世界日益增长的硝石需求。很快，人们将发现一个能够更充足地提供这种关键资源的来源，这一发现进一步促进了爆炸技术的发展，迅速给西方世界带来了革命性影响。

第三章

爆炸油和引爆装置：诺贝尔和硝酸甘油的可怕威力

我们正在研发的东西非常恐怖，但是单纯当作技术问题来处理，又非常有趣……如果加上经济和商业方面的考虑，就更有意思了。

——阿尔弗雷德·诺贝尔，1867 年

　　1864 年 9 月 3 日的早晨，天气格外晴朗，一位身体羸弱的瑞典化学家正在前往斯德哥尔摩的路上，计划会见富有的实业家 J. W. 斯密特（J. W. Smitt），希望得到他的投资。当这位化学家离开自己位于海伦堡（Heleneborg）简陋的实验室时，他的弟弟埃米尔·奥斯卡·诺贝尔（Emil Oskar Nobel）和一位名叫卡尔·埃里克·赫茨曼（Carl Eric Hertzman）的年轻化学家正在那里紧锣密鼓地生产一批供给国家铁路公司的新型爆炸油，当时该公司正用火药在坚硬的岩石中艰难地开凿一条通往斯德哥尔摩的隧道。这位年仅30岁的年轻发明家和企业家当时心情十分激动，因为他确信，凭借自己掌握的技术，一旦拿到这笔投资，就可以迅速拓展业务。他研制的新型爆炸油的效率大约是火药的五到十倍。他还认为，只要遵循既定的生产流程，引爆炸药时采用他最新的专利申请书中所描述的特殊方法，这种爆炸油就具有很高的安全性。

　　然而，他刚到斯德哥尔摩市区，海伦堡的实验室就发生了巨大的爆炸。爆炸造成的大火很快吞没了实验室所在的整个建筑，从门窗中喷射出的火焰开始向周边建筑不断蔓延。整个区域的玻璃都被炸碎。附近的邻居纷纷提着水桶跑出来灭火，才使火势得以控制。当大火彻底扑灭后，实验室已所剩无几。表情惊恐的人群聚集在冒着烟的废墟旁，救援人员从里面拖出了五具烧焦的尸体，包括一名路人、诺贝尔家中的一名女佣、一名当地的杂工，以及前面提到的

52

那两位年轻化学家。当我们的主人公从斯德哥尔摩匆匆赶回时，已经没有什么他可以做的事情了。于是，他来到离爆炸现场不远的父母家，了解事故发生的过程。经历了丧子之痛的父亲后来回忆说："虽然没有幸存者复述当时到底发生了什么，但根据儿子生前的叙述，我推论，发生爆炸是由于他尝试简化爆炸油的生产流程。"在对事件展开调查后，警方才惊讶地发现，伊曼纽尔·诺贝尔（Immanuel Nobel）和他的两个儿子居然在城市中心违法生产爆炸物。

当时的阿尔弗雷德·诺贝尔正处在完成一项伟大科学发明的最后阶段，却经历了如此巨大的挫折。这项发明后来被誉为是自火药发明以来爆炸科技史上最重大的突破，对欧洲的工业化进程产生了深远的影响，完全改变了人类在爆炸物研究上的方向。

在诺贝尔的小型实验室中引发爆炸的物质是硝酸甘油。16 年前，都灵大学一位名叫阿斯卡尼奥·索布雷洛（Ascanio Sobrero）的意大利化学家发现了这种具有挥发性的有毒液体。19 世纪早期是化学这门相对新的科学以实验的方式快速发展的时代，化学家们不断通过实验发现新的物质，迫切希望掌握这些物质的属性，寻找应用方式。19 世纪 30 年代，法国科学家泰奥菲勒-儒勒·佩洛兹（Théophile Pelouze）在做硝酸实验时发现这种物质具有爆炸性。1840 年至 1843 年，作为学生的索布雷洛在佩洛兹的私人实验室工作，开始对硝酸及其与有机物的化学反应感兴趣。回到都灵大学后，他继续推进这方面的研究。1845 年，他被评为应用化学教授，建立起一个简陋的实验室。1846 年，他进行了一个非常危险的实验，将硝酸、硫酸和甘油混合在一起。其中，甘油是生产肥皂时产生的副产品，属于一种惰性物质。硫酸则是将硫黄和硝酸钾（硝石）燃烧的烟雾溶解到水中产生的物质。这种物质在 18 世纪被称为矾油，后来一位名为约书亚·沃德（Joshua Ward）的英国医生用这种物质来治疗坏血病等疾病。硝酸则在硫酸添加硝石加热后产生，早在 16 世纪就被炼金术士使用，当时称为镪水。由于这种液体能溶解除了金以外的所有金属，因此常被用于分离金银。

索布雷洛将甘油、硫酸和硝酸以 1∶2∶1 的比例在低于水的冰点温度下进行混合，化学反应过后将溶液倒入玻璃器皿中。硝酸甘油沉入水底，呈淡黄色油状。这种物质看似安全，实则极为危险。索布雷洛叙述道："极少量的硝酸甘油在试管里加热后发生了剧烈的爆炸，玻璃碎片直接扎到我的脸上和手上，房间里离我有一段距离的人也因此受伤。"他在 1847 年 2 月的一封信中把这件事告知佩洛兹，这封信的内容被乔治·麦克唐纳（George MacDonald）记录在《现代爆炸物的历史论文集》（*Historical Papers on Modern Explosives*）一书中。硝酸甘油同样被证明为有毒，当时，索布雷洛选择采用一种充满骑士精神的实验方式，将一滴硝酸甘油滴在自己舌头上。他很快意识到自己犯了一个严重的错误。据记载，这一行为瞬间让他"剧烈头痛"和"四肢乏力"，即使是这么微量的硝酸甘油，他也花了好几个小时后才恢复过来。于是，在后来的实验中，他严格将实验对象限定为老鼠、狗和其他实验动物。当他给一只狗食用了极少量硝酸甘油后，这只可怜的动物"开始口吐白沫，然后呕吐"，连续几个小时在地上"猛烈地颤抖，用头撞墙"，直至死去。索布雷洛后来有些轻描淡写地建议道："在处理该化学物质时最好加倍小心。"

对硝酸甘油的进一步研究还发现，这种物质发生化学反应时极不稳定，有时会突然爆炸，有时被点燃后仅缓慢燃烧，留下一些油性残留物。由于其对金属有强腐蚀性，因此极难储存。其挥发性和爆炸性导致这种物质的生产过程十分危险。由于硝酸甘油的威力是火药的五到六倍，许多欧洲化学家都尝试通过实验找到将其应用于火炮和爆炸物的可行方式。在索布雷洛发现硝酸甘油的同一时期，德国化学家克里斯提安·弗里德里希·尚班（Christian Friedrich Schönbein）通过将棉花浸泡在硫酸和硝酸的溶液中，发明出一种化学性质类似于硝酸甘油、被称为"火棉"的物质。尽管爆炸力很强，但这种物质难以控制，短时期内就发生了多起爆炸事故，造成几十人死亡。因此，和对待硝酸甘油一样，人们不得不暂时放弃对火棉的研究。所有人都意识到其应用潜力惊人，但一直到很多年之后，这些成果才得以从科学研究领域逐渐走向实际应用领域，因为当时的科学家始终没能找到安全生产硝酸甘油并稳定引爆它的方法，无法真正驾驭这种物质。索布雷洛写道："这种极具爆炸力的液体，未来能否对其进行应用，现在还不得而知。这一切都取决于人们未来的探索。"

* * *

最终找到驾驭硝酸甘油的方法并将其投入市场的人，是一位出生在发明家和企业家家庭的天才发明家。他的父亲伊曼纽尔是一个极具创造力和天性乐观的梦想家，但在商业上不算成功，他的家庭也因此经历了不少坎坷。19 世纪 30 年代，伊曼纽尔的工厂在一场大火中被烧毁，他被迫宣告破产。为了东山再起，他只身一人逃离瑞典前往俄国，将自己的妻子安德烈尔特（Andriette）、孩子和债主抛在身后。在此期间，他留在瑞典的家人只能靠经营斯德哥尔摩郊区一家小型牛奶和农产品店维持生计。他当时年仅 7 岁的大儿子卢德维格（Ludvig）不得不依靠卖火柴棍来补贴家用，以保证每天都有足够的食物。在俄国的圣彼得堡，伊曼纽尔成功说服俄国军队支持他提出的疯狂的水雷研发计划。1842 年，他已经成为当地极具影响力的人物，拥有一个超过 1000 名员工的工业帝国（当时俄国在技术上落后于欧洲其他地区，这个工厂规模已经非常可观），为俄国政府生产包括地雷、炮弹和迫击炮在内的军火产品，后来还生产蒸汽机和其他工业机器的铁质部件。最终，他还清了债务，并把家人从瑞典接到了俄国。

当他们一家移居俄国时，阿尔弗雷德·诺贝尔年仅 9 岁。正是在俄国，他接受了自己一生中唯一一段相对正规的教育。他的两位俄国老师分别是尼古拉·齐宁（Nikolai Zinin）和 B. 拉尔斯·桑特森（B. Lars Santesson）教授。阿尔弗雷德生性内向，很少和其他孩子一起玩，但学业出色。他的父亲写道："我优秀而勤奋的阿尔弗雷德……很被父母和兄弟看重，他知识丰富，学习刻苦，他人难以望其项背。"他尤其擅长语言，后来精通俄语、德语、英语、法语、意大利语及母语瑞典语。在母亲的鼓励下，他一生都热爱诗歌。虽然父亲不太支持，认为诗歌过于轻浮，但阿尔弗雷德后来还是模仿着创作了一些英文诗。而他化学方面的知识主要源于自学，目的是满足自己的好奇心。年少的他身体比较单薄，从小体弱多病，且后来一生如此，经常卧病在床。从他写的一首诗中，我们大概可以看到疾病对他造成的影响：

56

当其他孩子在玩耍，

他只能旁观，

无缘童年的快乐，

于是他习惯于沉思未来的事情。

1850 年，17 岁的阿尔弗雷德被送到国外学习。父亲希望这能让他的性格变得外向一些。他在两年时间内游历了德国、法国、意大利和美国，认识了著名的瑞典裔美国工程师约翰·埃里克森（John Ericsson）。在众多所到之处，他尤其倾心于巴黎，对自己在巴黎的化学实验室里度过的美好时光难以忘怀。

1853 年，克里米亚战争爆发时，阿尔弗雷德回到了圣彼得堡。当时他父亲的工厂需要为俄国军队提供大量弹药，工厂的规模因此迅速扩大，阿尔弗雷德也来到工厂工作。他们生产的产品之一就是伊曼纽尔当年研发的水雷。简单来说，这种水雷是装满火药的防水木桶，被锁链固定在通往芬兰湾的海道水下。尽管这个新奇的想法之前几乎没有经过任何测试，但在实战中效果很好，被船只撞击后果然能够发生爆炸，在 1855 年 6 月的战斗中重创英国和法国的舰队。凭借这一成果，诺贝尔家族的企业在战争期间快速发展，但 1856 年战争结束后，工厂的军事订单锐减，企业很快就倒闭了。1858 年，伊曼纽尔带着妻子和小儿子埃米尔·奥斯卡回到斯德哥尔摩，另外三个儿子卢德维格、罗伯特（Robert）和阿尔弗雷德则留在圣彼得堡，处理工厂倒闭后的相关事宜，尽可能保住家族的声誉和剩下的财产。（卢德维格和罗伯特后来继续从事军火生产，做得非常成功，他们还进入巴库地区从事原油生产，积累了大量财富。）在圣彼得堡期间，阿尔弗雷德的老师齐宁和尤利·特拉普（Yuli Trapp）教授向伊曼纽尔和阿尔弗雷德父子俩介绍了硝酸甘油。为了展示这种物质的属性，他们在一块铁砧上滴了一滴硝酸甘油，然后用锤子大力敲击，发出巨大的响声，并产生火光。这个简易的实验立马让阿尔弗雷德迷上了这种化学物质。他的父亲花了很多年时间尝试利用这种极不稳定的化学物质制作水雷，但始终没有发现引爆硝酸甘油的可靠方式，最终不得不放弃。但父子俩从未放弃对这种液体的研究，因为直觉告诉他们，一旦找到利用其威力的方式，整个家族就不再会有经济上的顾虑。

19 世纪 60 年代初，伊曼纽尔回到海伦堡后，尝试将硝酸甘油和火药混合，并进行了一系列实验。与此同时，阿尔弗雷德在圣彼得堡也开展了类似的实验，但他采用的方法更具革命性：用火药来引爆硝酸甘油。他的首次实验是在卢德维格位于圣彼得堡工厂附近的一个污水渠中进行的。1862 年 5 月，他将硝酸甘油倒入一个玻璃圆桶中，将其密封，然后又将这个圆桶放置于更大的金属桶中，在其中填充火药，再次密封，只留下一个引线接口。在两个兄弟的见证下，他点燃引线后将装置扔入水渠。随之产生的剧烈爆炸，使渠中的污水像喷泉一样向空中喷射，实验取得了成功。当然，实验装置还有许多不够完美的细节需要改进。这时，父亲伊曼纽尔表示自己的"强化炸药"实验也取得了成功，要求阿尔弗雷德回到斯德哥尔摩，配合自己开展下一步实验。然而，伊曼纽尔的研究设想最终被证明是错误的，因为火药被硝酸甘油浸泡后，其威力会随着时间的推移而下降，最终除了成本更高，其他方面与普通火药几乎没有什么区别。果然，瑞典军队对"强化炸药"的验收也以失败告终。

58

阿尔弗雷德后来略带怨气地写道："我浪费了整整一个夏天，去做一项有能力的人一天内就可以完成的实验。"父亲的项目失败后，他又重新投入自己的研究中。

在位于海伦堡的小型实验室，阿尔弗雷德继续改进自己的实验设计。最终，他决定将少量火药放在硝酸甘油容器内部，与之前的设计思路完全相反。向公众做演示实验时，在父亲和两个兄弟（奥斯卡和罗伯特）的注视下，他拖出那个笨重的装置，点燃引线，小心翼翼地抛出，等待装置的爆炸。但结果什么也没有发生，他的父亲和罗伯特居然大笑起来。倍感羞辱的阿尔弗雷德收拾好器材后，垂头丧气地回到实验室。父亲的嘲笑让他一直耿耿于怀，十年后，他在美国申请专利的论证报告中写道："在获得成功前，我经历过很多失败，甚至因为自己的坚持而受到父亲和兄弟的嘲讽。"

1880年的阿尔弗雷德·诺贝尔。他发明了达纳炸药和其他专用烈性炸药。这些发明在19世纪末改变了整个西方社会。诺贝尔建立起一个巨大的工业帝国，积累了巨额财富。这些财富在他去世后被用于设立诺贝尔奖。

为什么这个装置可以在水里爆炸，却不能在陆地上爆炸？经过长时间思考，他意识到水压为爆炸提供了更密闭的空间，因此火药爆炸能产生足够的冲击力引爆硝酸甘油。但在开放空间中，火药爆炸产生的压力大量流失，不足以引爆硝酸甘油。于是他尝试用蜡来密封火药管的两端，果然，每次实验都很成功，他终于找到了可靠的引爆硝酸甘油的方法。他后来写道："1864 年，我用少量的火药来引爆纯硝酸甘油，这意味着硝酸甘油时代的真正到来。"这种后来被总结为"初始点火原理"（initial ignition principle）的方法，彻底改变了人们在实践和理论层面研究爆炸物的方向。后来，诺贝尔决定在金属管内安装木头或金属材质的火药引爆装置，即雷管。其中的火药后来被雷酸汞取代。苏格兰牧师亚历山大·约翰·福赛斯（Alexander John Forsyth）早在 19 世纪初就做了雷酸汞的实验。福赛斯是一位狂热的猎鸟爱好者，所以他一直想设计一种方法，在开枪时既能引爆燧发枪火药池里的火药，又不会因为其产生的火光吓跑猎物。最终他发明出撞击式枪机，一种用击锤打击雷酸汞从而引爆火药的发火装置。他在专利申请书中写道："不同于使用点燃的火柴、打火石与铁的摩擦，或其他实际处于燃烧状态的物质来引爆枪械中的装药……我只使用其中几种或一种易燃化合物，在没有实际火源的情况下，通过撞击来实现点火。"诺贝尔点燃硝酸甘油的原理其实与福赛斯是一样的，只是他没有使用撞击式枪机，而是先用雷管引爆雷酸汞，然后通过雷酸汞引爆硝酸甘油（引爆硝酸甘油所需的冲击力远大于火药）。

1863 年 10 月 14 日，诺贝尔迫不及待地向瑞典专利局提交了"诺贝尔专利雷管"的申请材料。随后，他又对这项发明进行了许多细微改进，并在欧洲和美国申请专利。他写道："因此我提出，在工业使用场景中，我们可以仅仅通过施加初始冲击来实现物质的爆炸，尽管这些物质在开放环境下与燃烧物体接触并不会发生爆炸。"他指的是硝酸甘油遇到明火不会爆炸，只会像油一样燃烧的奇特属性。这一属性让诺贝尔错误地认为这是一种非常安全的物质。然而，在实际生产过程中，硫酸、硝酸与硝酸甘油混合后很容易因为高温而发生爆炸。这就是为什么在 19 世纪硝酸甘油生产过程中逐渐形成规定，要求操作员坐在单腿椅上，以保持注意力的高度集中，时刻关注位于混合桶上的大型温度计所显示的温度。但可以想象，在诺贝尔早期实验室中采用原始方法制作硝酸甘油时，还没有采取这些预防措施。

61　　在瑞典的矿山和铁路工地进行过几次备受瞩目的成功演示后，诺贝尔的产品声名鹊起，很多人都看到了这项新发明巨大的应用潜力。诺贝尔立马前往巴黎，在佩雷拉银行拿到一些投资。当时这家银行还资助了拿破仑三世包括苏伊士运河在内的建筑项目，所以对能够加速这些项目进度并降低项目成本的新型爆炸物非常感兴趣。回到斯德哥尔摩后，诺贝尔迅速雇用了一名杂工和一名化学家，开始生产运往瑞典的铁路公司和矿山基地的硝酸甘油，但没想到就在他事业即将起飞的时候，1864 年 9 月 4 日发生了让他的弟弟和其他四人丧生的悲剧。

　　爆炸发生的第二天，警察局要求伊曼纽尔向负责调查工作的警官报告工厂的情况，结果阿尔弗雷德代替父亲来到警察局协助调查，因为他的父亲过于悲伤，身体暂时失去行动能力（一个月后，伊曼纽尔中风，随后卧床八年，直至生命结束）。警方调查的焦点是确定此次爆炸事件的真实原因，以及确定工厂所有者的行为是否构成杀人罪，毕竟，工厂违规在市区内生产硝酸甘油，事故还造成五人死亡。阿尔弗雷德为父亲准备的辩护理由是："硝酸甘油即使在明火下也不会对人造成伤害，因此用火疏忽并不会引发爆炸。造成事故唯一可能的解释是，我的儿子在实验中使物质发生剧烈的化学反应，导致溶液温度升高到 180 摄氏度左右，进而导致已经形成的硝酸甘油发生爆炸……只有温度迅速升高到 180 摄氏度和密闭环境这两个条件同时存在才可能发生爆炸，否则硝酸甘油只会缓慢燃烧。"由于对少量爆炸性材料开展实验的许可证由父亲持有，而且在生产大量危险品前他有义务向当地警局报备，而他显然没有做这些事情，所以有难以推卸的责任。诺贝尔一家唯一能提供的理由是，虽然他们在为订单做准备，但还没有进入实际生产环节，仍处在对生产流程和最终产品的完善阶段。一些诺贝尔的传记作家认为，迫于那些急需新型爆炸物的国家铁路和矿业集团的影响力，警方最终没有给诺贝尔父子定谋杀罪，而是向他们提出警告，让他们缴纳了一些罚款，禁止他们在包括海伦堡在内的斯德哥尔摩市区范围内进行硝酸甘油的实验和生产。

具有讽刺意味的是，这场夺取多人生命的事故和随后关于杀人罪的辩护，让更多人了解到这种新产品的威力，从而大大提升了产品的知名度。阿尔弗雷德后来的商业合作伙伴斯密特很快同意为他们提供投资。1864 年 11 月，一家新的公司成立，阿尔弗雷德和父亲所持有的股权接近一半。面对弟弟的去世、父亲的中风，以及哥哥罗伯特提出的"放弃只会带来厄运的发明事业"的建议，阿尔弗雷德丝毫没有退缩，而是全身心地投入科研工作中。他计划在距家

62

较远的温特维肯（Winterviken）建厂，但在工厂建成前，他在市郊梅拉伦湖（Lake Malaren）上一个被遮盖的驳船上建立了一家临时工厂。很快，他完成了国家铁路公司修建隧道的订单，但爆炸事件带来的负面影响仍未消除，许多人抗议他的生产活动，称那艘驳船为"死亡之船"，阿尔弗雷德不得不花大量的精力来消除当地人对他的敌意。有时，面对挥舞着干草叉的当地农民，他不得不开动驳船，频繁改变停泊地点，或无奈地停在湖中央，在冷风中独自工作，这样艰苦的日子一直持续到 1865 年 3 月温特维肯的工厂投入使用后才结束。从那以后，阿尔弗雷德接到的订单越来越多，世界上第一个生产爆炸物和军火的跨国商业帝国由此诞生。

发现了可靠和相对安全的引爆硝酸甘油的方式后，诺贝尔为世界提供了一种威力巨大的爆炸物。化学家兼历史学家 G. I. 布朗评论道："和火药一样，硝酸甘油爆炸时会产生大量高温气体，导致气压大幅度上升，但两者的威力完全不在一个等级上……类似于被自行车撞击和被高速行驶的列车撞击之间的差异。"火药相对缓慢和稳定的爆炸方式更适合用作枪炮的推进剂和爆炸物，硝酸甘油被引爆的速度非常快，如果用作推进剂，很可能会炸毁枪膛，因此更适用于采矿、隧道开凿、建筑物拆除和地表挖掘。硝酸甘油很快成为这些工程不可或缺的工具。19 世纪 80 年代以来，随着工业的迅速发展，人们对煤矿和金属的需求不断增长，开采这些物质的需求也随之上升。同时，这种新的爆炸物也让许多新的工程项目变得可行，而这些项目又进一步刺激了人们对煤矿和金属的需求。诺贝尔的爆炸油，即硝酸甘油，很快成为全世界不可或缺和炙手可热的产品，也让诺贝尔家族在商业上实现了惊天逆转。

＊　＊　＊

1863 年，阿尔弗雷德永远告别了圣彼得堡，回到斯德哥尔摩，重新与父母以及弟弟奥斯卡一起生活。这一时期，他性格中的矛盾逐渐显现，这种性格一方面让他终其一生探寻新的开创性产品，走向自己人生的财富和权力巅峰，另一方面让他的个人世界不断萎缩，性格变得有些孤僻而冷漠。随着年龄的增长，他的性格特征逐渐定型：他比较内向，善于自省，让人捉摸不透，有时还有一种略带病态、令人尴尬的幽默感。他曾开玩笑说要在巴黎建造一个豪华的自杀商场，人们可以在那里听着乐队演奏的"最美妙的音乐"，然后在最华贵的环境中死去。事情不如意时，他还很容易发脾气。有一次，他在赶渡轮时迟到了几秒钟，无法登船，愤怒的他穿着衣服跳进河里，直接游到对岸，从水里出来时已冻得浑身发抖，狼狈不堪。他对生命的理解多少有些悲观。有一次，他的兄弟让他用最简短的语言总结自己的一生，他的回答居然是："阿尔弗雷德·诺贝尔的一生异常痛苦，如果接生的医生稍微有一点人道主义精神，应当在他发出第一声哭声时就结束他的生命。"当然，在很多方面，尤其是工作上，他是一个极其务实、执着和富有创造力的人，直至走火入魔。为了自己在瑞典刚刚起步的硝酸甘油事业，他不分昼夜地工作，同时充当公司的经理、工程师、化学家、销售员、公关人员、财务主管和广告经理。他的动力并非单纯来自对金钱的渴望，公司刚盈利，他就将很多钱转给了母亲，让她给几乎瘫痪的父亲提供更好的治疗。但正是帮助他在发明创造和公司经营方面取得成功

64

的那些性格特质，让他几乎没有时间经营个人生活，也导致他认为自己人生最大的失败之处在于亲情和友情上的缺失。他的体质一直不好，身体单薄，眼睛凸出，高高的发际线下是大大的前额，总是表现出一副螃蟹后撤般的姿态，让人感到很不自然。他习惯从后门进入自己的实验室，在 40 多岁时就经常说自己上了年纪。但隐藏在这些奇怪的外貌和行为下的他，更重要的特点是其过人的专注力、永不放弃的精神、近乎自负的野心和长时间工作的能力。每当遇到问题，他都会全身心地投入其中，直到发现解决方案。随着硝酸甘油市场的不断扩大，与这一产品相关的问题也开始涌现出来。

65 与诺贝尔所乐观预计和迫切希望的一样，国际上对这种爆炸油的需求非常大。诺贝尔心里很清楚，别人很可能会盗用他的方法非法生产爆炸油，甚至私自使用他申请过专利的引爆装置。他还知道，由于对撞击高度敏感，硝酸甘油的运输难度极大。因此，诺贝尔在欧洲多个国家申请专利，希望分散硝酸甘油的产地，以使产品的产地尽可能靠近使用地。1866 年，在芬兰、挪威和英国的专利申请获批后（其他地区的专利申请也在审批阶段），他接受一位德国商人的合作要求，在汉堡南部拉贝河畔的克吕梅尔（Krümmel）建立了一座大型工厂。这里虽然离斯德哥尔摩很远，但地理位置极为优越，这里生产的爆炸油能通过汉堡港运往世界各地，甚至远销澳大利亚。最初，工厂只有 50 名员工，随着来自欧洲和世界其他地区订单的涌入，工人数量迅速增长。

诺贝尔的工厂生产的硝酸甘油被灌装在锌罐里，然后装入放有木屑的木箱中，以起缓冲作用。为了扩大销量，诺贝尔在欧洲进行了一场旋风式的营销之旅。他拖着内置有软垫、装满爆炸油瓶的手提箱，在各个矿区演示自己的产品，让更多人了解和关注这种神奇的爆炸物，让人们亲眼看到爆炸油的威力远大于火药。所以，尽管价格很高，订单仍在不断增加。

在美国，硝酸甘油被用于开凿中央太平洋铁路（Central Pacific Railroad）穿越萨拉内瓦达山的隧道，为公司节省了数百万美元的成本，缩短了几个月的工期。诺贝尔的传记作家埃里克·伯根格伦（Eric Bergengren）写道："仅在这一家公司，诺贝尔引爆硝酸甘油的技术就值数百万美元。"在澳大利亚，诺贝尔的产品被用于采矿业和采石业；在英国，该产品主要被用于北威尔士的板岩采石场；在挪威和瑞典，该产品深受矿业公司和铁路建设公司的青睐。很多国家的军事规划人员也开始研究爆炸油在战争中的应用方式。到 1865 年底，诺贝尔的硝酸甘油生意已如日中天，诺贝尔的公司对硝酸盐的需求也不断增长。

由于硝酸甘油的化学性质较稳定，看似没有任何危害，人们在处理它时远没有对待火药那么谨慎，缺少对这种化学物质应有的敬畏之心。果然，意外事件接连发生。诺贝尔和他的合作者忽视的一点是，硝酸甘油被长时间放置后，生产过程中留下的杂质会使其性质发生改变，导致溶液的挥发性增强。挥发到空气中的酸性物质会腐蚀锌罐的边缘，导致爆炸油从容器中缓慢流出，积聚在船的货舱中，在那里晃动或被撞击，或从推车或火车车厢中渗出，流到车轴上。一次，在结束了瑞典一个采石场的产品演示后，一名工程师将两瓶硝酸甘油绑在一辆载满乘客的公共马车的车顶。经过铁路工地一段布满车辙的崎岖小路时，一个瓶子从马车上掉了下来，被一名伐木工捡到。他居然用瓶子里的东西给自己的靴子和马具打油。在

66

西里西亚的一个矿区，爆炸油在寒冷的冬季被存放于室外，在低温下凝结成冰。在需要取用时，矿工居然拿着斧子在冰块上劈砍，直到砍下所需的剂量。在加利福尼亚的一个仓库，当地一个水管工尝试用普通的工具修补被腐蚀的锌罐。还有一次，一名配送人员发现一个罐子被腐蚀而泄漏，于是他将硝酸甘油倒入新罐子里，然后烧掉剩下的旧罐子，幸亏随之发生的爆炸没有造成人员伤亡。

但在另一些事故中人们就没有这样幸运了：在威尔士，一名矿工和他的朋友居然将装有硝酸甘油的罐子当足球踢，爆炸造成他们中的一人死亡。1865 年 11 月，德国一位名叫西奥多·鲁尔斯（Theodore Luhrs）的旅行推销员把一箱爆炸油落在了纽约格林尼治村怀俄明酒店的储藏室。几天后，顾客投诉说在酒吧间闻到从储藏室传出的刺鼻气味。一名酒店门卫打开了储藏室，惊讶地发现一个冒烟的箱子。他赶紧把箱子拖到大街上，刚跑回酒店大堂，箱子就爆炸了，人行道被炸出一个直径 4 英尺的大洞，整条街的建筑玻璃都被震碎，18 人被玻璃碎片击伤。同年 12 月 11 日，在德国北部沿海城市不来梅港（汉堡以西），一场巨大的爆炸摧毁了"摩泽尔"号汽轮，造成 28 人死亡，将近 200 人受伤。一位名叫威廉·金·汤普森（William King Thompson）的美国人在这场事故中受了致命伤，在临死前他承认自己在船舱中安装了硝酸甘油炸弹，他本想通过炸毁船只来骗取货物高额的保险金，没想到还没来得及下船就发生了爆炸。

在 1865 年这场轮船爆炸的悲剧事件后，1866 年又接连发生了一系列事故，诺贝尔的爆炸油所销之处几乎都难以幸免。澳大利亚悉尼一长期存放爆炸油的仓库发生爆炸，导致所有仓库设施毁于一旦，造成 12 人遇难。货舱中装有爆炸油的"欧洲"号汽轮在巴拿马突然发生爆炸，60 人死亡，所停靠的码头也遭到严重破坏；同年 4 月，富国银行集团在旧金山的一处设施发生大爆炸，整个建筑大部分区域都被炸毁，造成 10 人死亡和几十人受伤。当年 4 月 21 日的《旧金山纪事报》（San Francisco Chronicle）的头版标题为"旧金山发生恐怖爆炸，多人死亡"。文章报道："轮船运送的来自东方的装有某种液体（爆炸油）的箱子，在运送至码头时发现正在泄漏。由于它被当作普通商品运送，没人意识到其中装有危险物品。"当两名员工尝试用撬棍打开箱子查看泄漏物时，突然发生了爆炸。"爆炸产生的冲击力是如此之大，四分之一英里以内的区域如同发生地震一般。加利福尼亚街从与蒙哥马利街交叉口到卡尼街交叉口一段，所有建筑的玻璃都被震碎，半英里外的第三街都未能幸免。"

68

　　文章中还标有免责声明：

警告！
以下对爆炸情况的描述包含极具冲击力的血腥场景。

　　尸体碎片散落在许多地方。在蒙哥马利街东侧的科布和辛顿拍卖行，人们居然发现一个几乎完整的人类大脑，以及尸体的其他部位。某人的一截脊椎被炸到蒙哥马利街东侧的建筑上，后来掉到莱德斯多夫街上的斯夸扎酒瓶店门前。莱德斯多夫街东侧的加利福尼亚街上发现了一块头盖骨，以及其他尸体碎片。一只被炸断的手臂直接击碎了街对面建筑三楼的窗户玻璃。

　　5 月，当诺贝尔继续带着他那加装了软垫、塞满了硝酸甘油瓶的大型手提箱来到纽约忙着专利申请和产品演示时，他位于克吕梅尔的工厂在一次爆炸事故中被炸毁。一个月后，他在挪威赖萨克（Lysakar）的工厂经历了同样的厄运。这一系列事件对诺贝尔的商业帝国造成极大打击。如此多的伤亡和财产损失，仅仅是意外吗？如果不是意外，那应当由谁来负责？最终所有压力都汇集到诺贝尔身上，诺贝尔开始被很多人污名化，许多地方的工厂被迫停工。加利福尼亚州紧急出台了一项禁止运输硝酸甘油的法案，世界其他地区也纷纷效仿。在法国和比利时，持有硝酸甘油被视为违法行为；瑞典禁止运输硝酸甘油；英国颁布的法律要求运输硝酸甘油的负责人提供特殊许可证，基本上等同于禁止这种物质的运输；美国则规定，运输诺贝尔这种产品的过程中直接造成死亡属于一级谋杀罪，可被处以绞刑。一时间，硝酸甘油的名称令人毛骨悚然，关于它惊人威力的故事四处传播。铁路系统和航运系统开始拒绝运送这种货物，码头工人拒绝装卸货，可以从这种产品中受益的潜在客户也不敢再与诺贝尔做生意。但在 1866 年的普奥战争中，诺贝尔的爆炸油仍被大规模使用。

　　《旧金山纪事报》那篇文章所总结的不仅是美国公众对硝酸甘油和爆炸油的态度，也代表着整个欧洲的态度。文章在末尾总结道："必须制止这一切……这是为了保证公众对安全的最基本要求。"考虑到其威力巨大，硝酸甘油不可能被永远禁止，但世界各地的限制性法律对诺贝尔以及他所拥有的世界上第一家经营硝酸甘油的商业公司而言，很可能是灭顶之灾。诺贝尔看到了这一点，而且他知道，必须迅速采取行动以减少损失，挽救自己刚刚走上正轨的事业。

第四章

建设与毁灭：炸药和工程革命

我仅使用了少量物质就得到了惊人的结果，这让我们感到非常震惊，但这对我们而言是"昂贵的累赘"。清晨六点钟，我将爆炸物放进一个沙土瓶，用纸包好，悄悄扔到了州街和华盛顿街交叉口的下水道里。

——托马斯·阿尔瓦·爱迪生（Thomas Alva Edison），

波士顿，1868 年

自古以来，金属一直是人们制作武器、装甲、工具和装饰品不可或缺的材料。人类在地球表面四处寻找含金属的矿体露头。当易于开采的资源被开采殆尽，矿工们便沿着矿脉向地球深处寻找更多矿产。早期的采矿工作对劳动力非人道的消耗，就像篝火吞噬木材一样可怕。公元前 2 世纪，希腊地理学家阿伽撒尔基德斯（Agatharchides）走访了埃及的几座金矿，详细记录了他在矿井中看到的恐怖场景：大量被锁链束缚的人如行尸走肉般在黑暗中机械地劳动，"他们当中有臭名昭著的犯人，有战俘，有的人因被诬告而不幸受罚，有的人得罪了国王。有时这些人的全部族人或亲人也会受到牵连，加入他们的行列当中。"

这些可怜的人将木柴堆放在岩石表面，然后将其点燃。熊熊燃烧的大火迅速将这些木头烧尽，消耗着矿洞中的氧气，并产生一团团浓烟。接着监工命令这些可怜的人提着水桶成群结队冲入有毒的浓烟中，将水倒在滚烫的岩石上，通过温度的剧烈变化让岩石表面开裂。含有硫或砷的气体令他们喉咙刺痛，难以呼吸。浓烟中的粉尘灼伤他们的肺部，皮肤也被高温烧伤。根据阿伽撒尔基德斯的记载，通过这种原始的方法，"岩石表面会脆化，接着数以千计的劳工用锤子和镐，沿着矿脉完全依靠蛮力将大理石般的矿石一块块敲碎"。许多小男孩这时"通过井道钻入矿区，费力地将松动的大小石块聚在一起，运送到集中堆放点"。这些奴隶矿工像穴居人一样

72

生活在地下墓穴中，成千上万的人在高强度的劳动中死去。他们或被落石砸死，或被浓烟熏死，或被有毒气体毒死，或在意外敲穿蓄水层后被淹死。

在埃及的所见所闻让阿伽撒尔基德斯感到非常震惊和痛苦。他写道："没有人关心他们的健康，他们甚至连一块用来遮羞的破布都没有。任何有良知的人看到这一场景，都会为他们悲惨的处境而心生怜悯。哪怕他们身患重病、手断或腿瘸了，也不能停下来休息或离开工地养伤……直到最终，他们再也无法承受这样的痛苦，在高负荷的劳动中倒下身亡。"古埃及的采矿方式对人的残酷虐待，或许在之后几个世纪都很难被超越。即使是后来同样用奴隶充当矿工的古希腊和古罗马矿区，也会多几分人性。但阿伽撒尔基德斯这段痛彻心扉的哀叹在之后的千百年间都印证着一个残酷的事实："我只能这样总结：大自然告诉我们，金子要通过大量的艰辛劳动而获得，因而想要拥有它也很困难。不管在哪里，人们对待金子都非常小心谨慎。在使用的时候，它既给人们带来巨大的快乐，也带来无限的悲痛。"

奇怪的是，在所谓的黑暗中世纪，矿工的工作条件比人们反复歌颂的古典时代要好得多。挖矿毫无疑问是危险的工作，但在中世纪晚期，这个行业却迎来了一个黄金时代，即德国、英国、匈牙利、奥地利和波西米亚的自由撒克逊矿工时代。德国矿物学家格奥尔格·阿格里科拉（Georgius Agricola）逝世一年后（1556 年），他的《论矿冶》（De re metallica）一书得以出版。书中记录了当时整个欧洲大陆所使用的采矿技术。这本书中所反映的矿工工作环境与阿伽撒尔基德斯所描绘的场景截然不同。在全盛时期，撒克逊矿工受到严格的行业监管的保护。他们技术娴熟，受人尊重，享受合理的工作轮班和干净的工作环境，每周还有一到两天的休息时间。阿格里科拉写道："在长时间的艰苦工作中，工人们会通过放声歌唱来舒缓压力。他们唱功较专业，不算难听。"直接对当地领主负责的地区矿业管理部门严格限制了烧火采矿法，因此人们很少使用这种方法。根据阿格里科拉的解释，这主要是因为这种采矿方法对矿工来说过于危险，"加热后的矿脉散发出难闻的气味，导致竖井和隧道里充满浓烟。这时矿工无法下井，这种气味会严重影响他们的身体健康，甚至导致他们死亡"。即使偶尔获批使用这种方法，人们也只会在周五最后一班工人出工时点燃木柴，这样一来，工人可以在周一上班时再进入地下的矿井，最大限度降低工作对身体造成的伤害。

　　尽管在职业上受人尊重，但矿工的工作强度仍然非常高。在浑浊的空气中，闪烁的烛光是他们唯一的光源。他们完全依靠镐子和楔子，用冷采法挖矿，这对体力的消耗极大，对身体素质的要求极高。大多数时候，几名矿工孤独地在一个开采点工作。他们用大锤将长钉或楔子敲入裂缝中，然后用撬棍撬动大块的矿石或岩石，使之从岩体脱落。最后将其放在沉重的皮质袋中，挂在肩膀上缓慢地将其拖至地表。采矿的进展非常慢，而且难以保持稳定的速度。如果一块大岩石突然断裂，或用火采法松动了岩石的表面，进度会突然加快，但若碰到一块坚硬而光滑的岩石，采矿工作将陷入长期停滞，令工人非常沮丧。

　　几乎在同一时期，尤其是在 17 世纪以前，斯堪的纳维亚半岛矿工的工作环境与欧洲其他地区有着天壤之别。在这里，火采法是通行做法，矿工则被视为低廉的"消耗品"。矿工们需要进入充满浓烟的矿洞，扑灭火焰，并在岩石表面洒满水。为了不被热气灼伤，不被有毒气体伤害，矿工们会用沾水的布捂住面部，但这无济于事。当时，瑞典的法伦大铜山矿区每年需烧掉 7 万多捆木柴，矿区附近乡村的树木被砍伐殆尽。1734 年，瑞典著名的博物学家卡尔·林奈（Carolus Linnaeus）访问了法伦大铜山矿区，记录下了自己的见闻。这一经历让他感到震惊不已，因为在那里，在极为恶劣的环境下辛苦工作的不是奴隶或战犯，而是自己的同胞们。他写道："矿区的环境比古典作家笔下的哈迪斯①更恐怖，其情景如同我们的神职人员布道时描绘的地狱景象。含有硫黄的烟雾所到之处寸草不生，整个矿洞都是热腾腾的烟雾和粉尘。在这里，1200 名矿工在不见天日的地下如牲口般劳动，他们周围除了炭灰，就是无尽的黑暗……这些可怜的人大多光着膀子，嘴前用一块羊毛布遮挡烟雾和粉尘，呼吸不到一丝矿井外的新鲜空气。汗水像从盛水的袋子中漏出来一样不停地流下来。"当时的斯堪的纳维亚半岛是重要的矿区，这些资源是当地统治者的主要财富来源，所以，不管条件有多么恶劣，工作有多么辛苦，矿工手头的活一刻都不能停下。历史学家哥斯塔·E. 桑德斯特罗姆（Gösta E. Sandström）在《隧道修建史》（*The History of Tunnelling*）中写道："法伦矿区代表着当时残忍和落后的采矿方式。"但很快，欧洲其他地区也采用类似的采矿方式，因为中世纪黄金时代完全依靠人力的冷采法已无法满足人们对金属矿石的巨大需求。相比之下，火采法更为高效，即使它对环境的破坏和对人力的消耗更大。到 17 世纪时，中世纪建立

① 哈迪斯（Hades）为古希腊神话中统治冥界的冥王。——译者注

起来的对矿工的尊重与同情的人道主义传统已不复存在，提高生产力成为至高无上的目标。

* * *

人类自古以来就通过人力、火、风和水等途径来获得与利用能源。13 世纪，火药成为人类新的强有力的工具，很快被军人广泛使用。17 世纪中期，火药开始在采矿业中大量使用，这很可能是由于一些有火药使用经验的军人离开军队后进入采矿业。德国、奥地利、匈牙利和瑞典等不同国家的历史学家都强调本国是将火药运用于采矿业的先行者，但桑德斯特罗姆指出："人们总喜欢强调某一个关键时期的某个关键人物的开创性作用。在爱国主义思想的驱动下，不同国家的历史学家都试图证明自己的同胞是真正的发明者，并竭尽所能积累相应证据。"事实上，我们很难确定谁最早在采矿业中使用火药，而且这项工作的意义本身有限，因为几乎在同一时期，欧洲许多地区都将这一技术运用到采矿业。采矿业和其他工程项目对火药的大量运用，与 17 世纪中期印度硝石产业的发展具有同步性，后者增加了硝石的供应量，进而大幅降低了硝石以及火药的价格。当硝石的进口变得越来越便利，许多统治者都将之前为了军事目的而囤积的过剩的硝石用作其他用途，比如采矿与修建运河和道路。到 18 世纪，火药已经成为整个欧洲采矿业不可或缺的工具，火采法逐渐退出了历史舞台。

早期火药在采矿业中的运用方式十分危险，需要非常勇敢或迫于生计不得不承受生命危险的矿工，抱着火药袋爬到矿井最深处，将其塞入岩石裂缝中，或直接将袋中的火药倾倒在裂缝中，并用一根较长的稻草当作引线，或在地上铺一些掺有火药的鹅毛，充当原始的引爆装置。在点燃自制引线后，他必须飞速逃跑，但很多时候，巨大爆炸震落的矿石会掉入隧道，堵住他们的逃生通道。后来，随着爆破技术的发展，人们开始在岩石上钻洞，将火药注入洞中，然后用木头或黏土封住洞口，以增加爆炸时的冲击力。但不管采取何种方法，矿工的工作都非常危险，因为当时只能通过蜡烛和煤油灯提供照明，很多人都由于火星不慎落到火药上而被炸得粉身碎骨，或被掉落的石头掩埋。在发生于现代的一次法伦矿山事故中，当矿井工作面发生爆炸时，周围的梯子和脚手架瞬间被掩埋，一群工人本能地蹲下来，用力挥舞双手，尝试阻拦石块，但这无济于事。火药的使用的确大幅提高了采矿的效率，但随着矿工们向更深的地下推进，新的问题不断出现，比如缺氧问题以及甲烷等天然气体被金属火花或明火引爆造成的事故。有的时候，地下潮湿的环境还会导致引线难以点燃，当人们爬回矿井工作面检查火药时，延迟的爆炸又会夺走这些人的生命。直至 1816 年汉弗里·戴维爵士（Sir Humphry Davy）发明了安全的矿工灯以及 1831 年威廉·比克福德（William Bickford）发明安全引线后，矿井安全事故的数量才大幅减少。前者能避免明火引发矿井事故，后者则是一种填充有黑火药的纺织管，能够以较为安全和准确的方式引爆火药。

　　不管引爆技术如何发展，火药引起的安全事故都难以完全杜绝，以至于人们对与火药相关的工作产生了一种宗教般的敬畏感。18 世纪末英格兰东南部沃尔瑟姆修道院（Waltham Abbey）的皇家火药厂对工作人员提出的操作规范在现代人看来也许有些可笑，但这些对早期火药工人的要求真实反映了当时人们对火药的敬畏之心。皇家火药厂规定："不管是谁，不论身边是否有火药，必须在工作时保持绝对安静。任何一点小的疏忽，都可能导致在场人员死亡，甚至让这个厂区和周围区域变成废墟……出于对劳动的厌恶或由于缺乏信仰，工人常常说脏话或其他不雅语言，恳请各位工人不要这样做，以免亵渎上帝，遭到报应。"

火药在民用土木工程中的广泛应用逐渐改变了欧洲乡村的面貌。除了矿产开采和军事用途，火药还被运用到许多之前难以想象的大型工程中，比如运河的开凿，在丘陵地带平整铁路的路基，甚至在海底修建隧道。最早使用火药的大型土木工程为 1681 年在法国南部修建的连接地中海和比斯开湾的朗格多克运河（也称为米迪运河）。该运河全长 148 英里，河面最高处高于海平面 620 英尺，由 119 个船闸控制水位，并包含一条 165 米长的隧道。这个工程是人类的一大壮举，体现了当时最高的技术成就，可与 1000 多年前的古罗马引水渠相提并论。帕特里克·比弗（Patrick Beaver）在《隧道的历史》（*A History of Tunnels*）中评价道："在当时，这个工程的难度可想而知。在此之前，人类对在隧道密闭空间内使用火药的方法以及岩石在这种条件下的运动特点，都缺少深入研究。因此，施工过程中一定出现了大量人员伤亡。"尽管存在后勤上的挑战和内在风险，但 19 世纪以来，运河工程的数量不断增长，人们克服各种困难，在欧洲和北美洲东部修建了一条又一条运河。例如，1817 年至 1825 年之间，人们用火药挖通了长达 585 英里的伊利运河，将伊利湖畔的布法罗和哈德逊河畔的奥尔巴尼连接在一起，这条重要的交通和商业水道可通过哈德逊河进一步连通至纽约。两年后，连接安大略湖和伊利湖并通过尼亚加拉瀑布的韦兰运河竣工，彻底打通了五大湖区与大西洋之间的运输通道，新鲜的水果和蔬菜可以快速运送到美国各大重要城市，而煤炭等大宗商品也可以便捷地从矿区运送到正快速崛起的工业中心。在英国，到 19 世纪中期，运河总长度达 7000 千米，运河隧道长度达 75 千米，可以说，整个英格兰岛南部已被一张巨大的运河交通网覆盖。

尽管人们在不断提高火药的产量，并通过改善火药的成分来增强火药的爆炸力，但到 19 世纪，火药已无法满足雄心勃勃的工程师们的需求。技术上的瓶颈导致许多工程被迫停工，比如在水中和河床底下的爆破，或在阿尔卑斯山和落基山坚硬岩石中开凿长距离隧道的工程，以便能够全年进行物资运输和通信。由于火药的体积较大，在坚硬岩石的缝隙中放置的火药量根本不足以摧毁岩体。从 19 世纪 60 年代的一个大型工程中可以看出修建隧道时炸药需求量之大。诺贝尔的商业伙伴之一奥托·布斯滕宾德（Otto Burstenbinder）描述了承包商在修建中央太平洋铁路时在内华达山脉遇到的火药爆炸力不足带来的窘境："你们见过 300 到 700 个火药桶同时爆炸的场景吗？我们见过。当时，在修建一处隧道时，700 个每个装有约 250 磅火药的火药桶被同时引爆。这种方法对时间和金钱的消耗巨大。仅中央太平洋铁路公司平均每天就要消耗大约 300 桶火药。"爆破岩石的火药在当时严重不足，已无法满足整个社会快速推进的工业化进程的需要。西方文明马上就要进入土木工程的黄金时代，但就在这个关键时期，火药的爆炸力成为最大的限制性因素，远远达不到企业家和工程师所期待的威力，无法完成那些在他们看来本可完成的工程。

当诺贝尔向人们展示硝酸甘油的爆炸力时，许多人都感到难以置信。这不就是人们苦苦寻觅的解决方案吗？这不就是实现所有梦想、进入一个美好时代的入场券吗？硝酸甘油的威力几乎是火药的七倍，而且能够更便捷地填充到钻孔或石缝中，能大幅提高矿井和隧道的施工速度。但接下来出现的一系列的严重爆炸事件让诺贝尔刚刚走上正轨的公司岌岌可危，也让许多企业家和梦想家产生了强烈的幻灭感。事实就是这样，硝酸甘油过于危险，人们迫切需要找到能够更安全地驾驭这种物质的方法。

80

* * *

1866 年 8 月，面对数不清的专利和法律纠纷，失望的诺贝尔从美国乘船回到德国，永远离开了那片令他伤心的土地。这时，面对世界各地对其产品的抗议，他的商业帝国生存堪忧，前途一片黯淡。但 33 岁的诺贝尔没有选择放弃，而是不知疲倦地整天待在克吕梅尔工厂废墟附近的一个简易实验室里，冒着生命危险继续做实验，试图寻找稳定硝酸甘油化学性质的方法。他后来写道："早在 1863 年，我就深刻意识到液态硝酸甘油和液态爆炸物的缺点，并尝试寻找弥补这些缺点的方法。"最初他试图通过降低液态硝酸甘油的挥发性来增强其安全性。后来，他尝试制作固态的硝酸甘油产品，这样不但能避免泄漏问题，在进行爆破时也更为方便。于是，他尝试将硝酸甘油与许多物质进行混合，包括木炭粉、木屑、岩粉、纸浆、砖粉、煤粉和石膏，但效果都不够理想。有一种说法是，诺贝尔以非常意外的方式发现了一种理想的物质。在克吕梅尔工厂被炸毁前，人们经常用当地盛产的一种名为矽藻土的黏土而不是木屑来填充装有硝酸甘油的箱子。有一次，一名工人不小心打碎了一罐硝酸甘油，这种致命的液体正好从盒子流到旁边的矽藻土上。诺贝尔发现这种神奇的黏土很快将硝酸甘油完全吸收，形成一种颗粒状的油灰。世界上最伟大的发明之一由此诞生。虽然能得到助手和信件的佐证，但诺贝尔终其一生都驳斥这种说法，坚持声称是自己用了几个月时间对上百种物质做实验后才最终选定矽藻土。

矽藻土是一种自然形成的多孔隙的惰性黏土。诺贝尔通过研究最终确定，用 75％的硝酸甘油与 25％的矽藻土混合，爆炸物的性能将最为稳定。他用两个名称给这一发明申请了专利：第一个名称是达纳炸药，"达纳"来自希腊语中的"强大"一词；第二个是诺贝尔安全炸药，以强调产品的安全性，改变人们之前对公司的负面看法。他将这种具有可延展性的产品做成柱状，外面包上硬纸筒，以便直接放入标准的采矿钻孔中。这种炸药的威力虽然略弱于纯硝酸甘油，但仍然是火药的五倍。产品的形状更加合理，运输、储藏和引爆都更为方便。随着这一产品的诞生，诺贝尔的公司再次迎来高速发展的曙光。

达纳炸药使工业和采矿业进入了全新的发展阶段，彻底改变了土木工程的规划和开展方式。可以说，它让人类进入了一个全新的爆炸物时代。任何火药能做到的事情，达纳炸药都可以用更安全、更高效和更廉价的方式做到。达纳炸药很快成为全世界最受欢迎的爆炸物，1867 年这一产品投入生产以后，诺贝尔完全终止了纯硝酸甘油产品的运输（尤其是在比利时火车车厢爆炸事件造成 11 人死亡后）。诺贝尔全身心投入工作，除了在实验室思考自己公司的发展和进行爆炸物研究，他几乎没有时间做任何其他事情。他亲自负责分布在十多个国家的十多家新工厂的建立和管理。他身体原本就不好，加上工作辛苦，更是经常生病。诺贝尔的传记作家之一埃里克·伯根格伦写道："在发现达纳炸药后的十年间（1867—1877），工厂和公司机构不断扩张，阿尔弗雷德·诺贝尔的生活非常不安定，一直在解决外部环境中各种棘手的问题，大量时间用于出差。这段岁月为他后来取得的巨大成功和巨量财富奠定了坚实的基础，但也让他身心俱疲，身体状况不断恶化，他对人和世界的看法也发生了很多变化。"

　　诺贝尔通过不懈努力取得了可喜的成果。达纳炸药几乎成为人们进行爆破的首选，许多人都模仿诺贝尔的方法生产类似的产品，以至于达纳炸药很快成为含硝酸甘油炸药的通用术语。但相对来说，诺贝尔的产品始终是最可靠的，他很快变得富有起来。1867年，他经营的几家工厂的达纳炸药产量大约为 11 吨，第二年就涨了 6 倍多，达到 78 吨，第三年又涨了 1 倍多，达到 185 吨。在这种高速增长态势下，1874 年工厂的产量达到惊人的 3120 吨，产品销往世界各地。在不到十年时间里，他在德国、芬兰、瑞典、挪威、苏格兰、法国、西班牙、瑞士、意大利、葡萄牙和奥匈帝国都建有工厂，美国更是有多家工厂。又过了十年，诺贝尔直接建立和授权的工厂多达 93 家，厂区进一步发展到澳大利亚、巴西、加拿大、日本、希腊、委内瑞拉、南非和俄国等国。

　　1873 年，诺贝尔从德国汉堡迁居当时欧洲的文化中心巴黎，在一个非常时尚的街区买下一座小宅子，这次置业最早反映出他新获得的财富和社会地位。伯根格伦指出："根据当时的时代品位，他将宅子装修得非常奢华。内设一个漂亮的待客室，一个带温室的阳光房，里面种有他最喜欢的兰花。他还为自己品种优良的马匹建了马厩，这是他的一个新爱好。"虽然诺贝尔尝试融入巴黎很小的瑞典名流圈，偶尔参加社交活动，或宴请宾客，但他大多数时间还是专注于工作。令人难以置信的是，在管理着不断扩大的商业帝国的同时，诺贝尔没有停止自己的实验工作，他发明了多种特殊用途的达纳炸药，包括达纳二号炸药和三号炸药。这两种威力更小的炸药主要用于开矿。诺贝尔并没有垄断这个行业，市场上很快出现了许多其他产品，包括在美国生产的阿特拉斯（Atlas）炸药、赫拉克勒斯（Hercules）炸药和贾德森（Judson）炸药，但这些产品本质上都是硝酸甘油与惰性物质的混合。达纳炸药出现几年后，化学家和企业家又开始尝试寻找新的与硝酸甘油组合的物质，这种物质不会只是无用负重的物质。

　　不出所料，诺贝尔在这方面的研究又走在了世界前沿。生活在巴黎期间，诺贝尔表现出极强的创造力，对达纳炸药进行了几个重要的改进。他尝试在保证达纳炸药的稳定性、可运输性和安全性的前提下，通过另一种物质来最大限度释放液态硝酸甘油的爆炸力。1875 年，在巴黎家中的小型私人实验室中，他终于发现了这种物质。他每天工作 12 到 14 个小时，这一天也不例外。他再次尝试将硝酸甘油与一种非常危险但极具爆炸性的物质混合在一起，这种物质被称为硝化纤维，是一种通过将植物的纤维素浸入浓硝酸和浓硫酸的混合液中制成的物质。诺贝尔之前对硝化纤维的实验都以失败告终。根据诺贝尔对当时的回忆，他在实验中不小心划伤了手指，于是给伤口涂上了一层胶化棉，这种药物本质上是硝化物含量较低的硝化纤维，能够在伤口上形成胶状保护层。但伤口剧烈的疼痛让诺贝尔难以入眠，他极富创造力和专注力的头脑又开始思考工作上的事，突然他灵光一现，想到类似于胶化棉等硝化物含量更低的硝化纤维，也许更适合与硝酸甘油混合。凌晨四点，他连忙爬起床，穿上睡衣，赶到实验室开始工作。当助理早上来上班时，他已经做出了产品原型，看上去就像一盘毫无危险的硬果冻。

又经过数周时间的工作和数百次实验，诺贝尔用不同比例的硝酸甘油加入各种其他物质，终于确定了最后的化学配方。客观地说，诺贝尔并不是一位受过正式训练的学院派化学家，但他绝对是一位充满创造力和探索精神的实验者。他在实验室从来不严格记录自己的实验流程、催化剂的使用情况和实验温度。也许他害怕这些数据会泄露给自己的竞争对手。但有一点可以确定，他的工作强度和压力非常大，每天都待在实验室里，长期呼吸着陈腐的空气和各种化学气体。他经常感到头疼，有时严重到必须用冷毛巾裹着头，或躺在地上休息。他的时间完全不够用，根本没空社交或锻炼身体，既担心别人抢先解决他研究的问题，也始终因担心发生意外爆炸而承受着巨大的精神压力。

由此诞生的是诺贝尔第三个重大发明——胶质炸药，也称为爆破明胶。这是炸药发展史上又一个里程碑式事件。胶质炸药在安全性上与其他炸药相当，但这种炸药可以被灵活地塑造成任何形状，适用于更多的爆破场景，还拥有比纯硝酸甘油更大的爆炸力，因为其主要成分硝酸甘油和火棉都具有可燃性与爆炸性。此外，这种炸药还有极强的防潮性，可用于水下爆破。但由于它的威力太大，更多时候只在隧道工程中的深山硬石爆破场景下使用，以及军队在战场上使用。

84

通过达纳炸药和胶质炸药，诺贝尔为采矿、隧道挖掘、采石等行业带来了革命性变化。工业和民用建筑项目获得了更大的想象空间；人类对煤矿获取能力的大幅提高，进一步推动了工业的发展；随着人类可以轻易地对石膏和石灰石进行爆破，水泥混凝土逐渐成为普遍使用的建筑材料；炸药还可用于炸毁树桩和巨石，帮助人们迅速将野地变为农业用地；引爆炸药形成的人工地震，能帮助人们分析地表的震动情况，从而实现石油勘探的目的；旧建筑的拆除变得空前简单；挖掘用于灌溉和运输的水渠与运河所需的时间大幅缩减。总之，几乎所有能代表 19 世纪人类最高工业和技术成就的宏伟工程，都离不开炸药的使用，虽然在这个过程中也造成了大量人

达纳炸药可制作成易于插入钻孔的形状，从而大幅提高了采矿、采石和隧道挖掘的效率。

员伤亡，并对环境造成了难以估量和不可逆转的破坏。诺贝尔被称为现代爆炸物之父当之无愧。除了诺贝尔，其他人也做出了一些相关发明，有人在他的产品基础上进行了改进，以至于市场上除了诺贝尔公司的产品外还有几十种其他爆炸物品牌，但他们的成就以及对世界的影响远远比不上诺贝尔。在炸药被发明后的 30 年内完成的工程，充分说明人类征服和改变物理空间的能力发生了质的飞跃。整个世界在这期间也随之发生了根本性、永久性的变化。

86

＊　＊　＊

几个世纪来，一条原始的山道在被狂风吹得无法正常生长的树木间蜿蜒，一直通往海拔 6927 英尺的圣哥达山口。这里虽然长期遭受风暴袭击，但从古罗马时期开始这里就是米兰途经苏黎世前往莱茵河谷的要道。中世纪朝圣者在 6 世纪将这条小路拓宽到 13 英尺，便于驮畜通行；由于阿尔卑斯山这个海拔极高的山口全年的积雪时间很长，僧侣们还在山顶建了一个收容所，为因暴风雪或严寒而无法前行的人提供落脚处。中世纪时期，神圣罗马帝国皇帝腓特烈二世通过颁布宪章的方式认可了这个山口的重要性，宣布所有人都可以在此处自由通行。17 世纪，随着人流量的增大，这条路被拓宽到 18 英尺，并进行了加固，使马车能轻松通过。19 世纪初，通过这个山口运送的邮件和货物越来越多。从苏黎世到米兰，如果走正常的路需花费大约两周时间，走这条路则可节约一半时间。然而，由于天气原因，这条路在一年中有一大半的时间无法通行，这时人们只能绕远路，承受更多潜在的危险。

在 19 世纪铁路大发展的背景下，人们开始考虑在这个偏远的山谷修建铁路。1853 年，附近 8 个行政区一致同意集资修建一条穿越圣哥达山口的铁路隧道。但这个工程耗资巨大，而且当时缺少合适的爆破技术，人们不得不放弃这一计划。十年后又有人提出这个想法，但由于缺少可行的方案，提议再次被搁置。达纳炸药问世后，这一计划被重新提上议事日程，人们根据炸药的特点对计划进行了修改。尽管仍然存在巨大的技术挑战，人们还是决定在山体中开一条隧道。此前，世界上从未修建过近 10 英里长的隧道。即使如此，这个看似不可能的工程面向私人承包商招标。

一位名叫路易斯·法夫尔（Louis Favre）的瑞士工程师"不幸"中标。他是一位衣着端庄、性格乐观的中年人。他有些轻率地接受了这个条件苛刻的工程合同，拿出自己的大部分财富，承诺在八年内完成隧道的修建。这简直是一场豪赌，而由于这场豪赌，他不仅将自己大量财富打了水漂，牺牲了数百名工人，最后还搭上了自己的性命。穿越圣哥达山的隧道工程可以说是 19 世纪人类最浩大的工程，前后花了长达十年的时间才完成，工程的成本也达到了之前预计成本的两倍，圣哥达山口还成为成千上万劳工的人间地狱。为了在意大利和瑞士之间的山脉中开凿出一条隧道，该工程使用了超过 1000 吨炸药。

根据计划，工人们从隧道的两端同时开始工作，在昏暗的洞内 24 小时不间断地向内开凿坚硬的岩石，月复一月，年复一年，期望两端的队伍能在圣哥达山体下方会合。雷鸣般的爆炸声将山体中数吨重的岩石炸碎后，工人们需迅速清理碎石，为下一次爆破做准备。岩石缝隙和钻孔中涌出的水将工人全身弄湿，有时他们不得不

路易斯·法夫尔，一位来自意大利热那亚的命运多舛的采矿承包商，在19世纪80年代修建圣哥达隧道时，不但损失了自己的财产和生命，还导致270多名工人丧生。

在没过膝盖的水中搬运隧道工作产生的石块和石渣。洞内的温度有时会上升至令人窒息的 106 华氏度（41 摄氏度）。每当有人因为高温脱水而倒下，其他工人会立马把他抬到洞外。岩石粉尘、有毒烟雾、人和牲畜呼出的二氧化碳气体以及长期的高温，导致矿工们患上各种奇怪的疾病，比如硅肺、支气管炎、肺炎和矿工贫血病（这是矿工在卫生条件极差的营地感染的一种肠道寄生虫疾病）。

　　1878 年，一位名为 S. H. M. 拜尔斯（S. H. M. Byers）的美国记者在前往巴黎参加世界博览会途中绕道来到圣哥达山口的工地，参观这一著名的工程奇迹，并将他的见闻刊登在当时的《哈珀新月刊》（Harper's New Monthly Magazine）上。他写道："当我们快速通过滴水的岩壁，借助岩石后和壁龛里的昏暗灯光，我们隐约看到到处是像食尸鬼一样的矿工。我不禁想到向导之前说让我们见识

88

一下地狱深渊的模样……这里的空气极其浑浊，20 码以外基本什么都看不清，因此我们互相之间跟得很紧，生怕迷路或不小心掉进某个地下更深处的洞里。我们能听到前方远处传来的炸药爆炸的巨大声响，就像战场上重型迫击炮的声音一样。"但最让这位记者惊讶的不是隧道内的工作环境，而是工人的生存状态。由于工作条件恶劣，工资很低，这里根本招不到法国、德国和瑞士的劳工，大多数工人是意大利农民。他写道："他们的食物不仅少，还很差，主要是玉米面和一种印度粥，根本吃不到肉。他们每天高强度的工作只能换来可怜的 40 到 50 美分，但他们已经很满足。殊不知，他们很可能没有机会使用这些钱，每时每刻都可能因为有毒气体或频繁发生的意外事故而受伤或丧命。每周都会发生各种各样的灾难，比如爆炸、飞石、倒塌的木桩和砖石、铁路事故或机械故障等，能活下来的人都算是死里逃生了。"

这个隧道工程最终造成 270 多人死亡和数千人重伤，在隧道内死去的牲畜更是不计其数。平均算下来，每两周就有一名矿工死亡，数百人因为疲劳或营养不良而患上各种疾病。任何人在这里工作几个月都会病倒，工作一年以上会对身体产生不可逆的伤害，法夫尔自己也未能幸免。当时工期临近结束，工程进度至少还差一年。根据合同中的惩罚性条款，法夫尔的大量存款很快将被没收，因此他整天都待在充满毒气的隧道中监工，督促工人们加快进度，但不合理的工作强度让更多的工人累倒，或因精神高度紧张而犯下致命错误。面对铁路公司的持续施压，眼睁睁看着自己走向破产的无奈，以及长期在隧道内呼吸有毒气体对身体造成的伤害，法夫尔再也无法支撑下去。1879 年 7 月 19 日，他突然捂住胸口，跪倒在泥泞的地面。还没来得及被抬出隧道，他就停止了呼吸。他的遗体同数百名死去的矿工一起被埋葬在格舍嫩公墓。他死后一年半，这个工程才最终竣工。作为补偿，圣哥达铁路公司为法夫尔陷入贫困的女儿提供了一份微薄的抚恤金。

隧道的建成将从瑞士卢塞恩到意大利米兰之间的路程从 27 小时缩短到 5 个多小时。现在，除了当年修建的铁路隧道，在圣哥达山口还修建了一条汽车隧道，成为意大利与北欧之间货物运输的交通要道。

＊　＊　＊

1876 年 12 月 24 日，许多衣着时尚的男女聚集在纽约东河的沿岸，期待着即将出现的壮观景象。在一幅描绘当时场景的当代速写中可以看到：一群穿着朴素西装、戴着帽子的绅士淡定地举着雨伞站在岸边，因为当天突然下起了大雨。人群中还有一些戴着精致的帽子、穿着大摆裙的女士，手挽着自己的男伴。在远处视野不佳处，还有很多衣着不太正式的民众，他们也想亲眼见证当天下午即将发生的极具视觉冲击力和历史意义的一幕。除了岸边，水上还有很多观众，"几十艘汽船、几十艘帆船和数不清的划艇上也坐满了人"。至少有 10 万来自社会各阶层的观众汇聚于此，"为保险起见，所有卖酒水的商店当天都不营业，所以几乎没有人显示出醉态"。当时有人抗议这场活动"违背了安息日的原则"，但根据《纽约时报》的报道，"在这块大陆，甚至在全世界，都没有聚集过如此多的人来观看人类技术创造的壮举"。此次爆破活动的负责人是美军工程兵团退役中校约翰·牛顿（John Newton）。为了缓解自己的焦虑，他带着自己的妻子和两岁的女儿来到现场。他们的位置更靠近"地狱之门"海峡旁的哈利特礁石，这是一块阻挡了东河与长岛湾之间水道的巨大水下礁石，使附近水流产生了许多危险的漩涡。不顾风险从这一区域通过的帆船，大约有五十分之一会不同程度受损，大型船只则完全无法从此处通行。

当时间来到下午两点半时，牛顿"像一位时尚达人在舞会上邀请女明星跳第二支华尔兹舞一样"，淡然地牵着他刚学会走路的女儿来到一个很小的引爆装置前，转动一把小钥匙，装置发出的电子脉冲将重达 4.8 万磅的达纳炸药和胶质炸药引爆，这些炸药是人们过去几年间精心放置在礁石的缝隙和钻孔中的。巨大而沉闷的水下爆炸声，使海上形成巨大的水柱并冲向天空，整个地面都发生了轻微的颤动，水下礁石也瞬间化为碎片，"爆炸中产生的硝酸甘油经燃烧后的刺鼻气味弥漫在整个约克维尔（Yorkville）的空气中，就像 100 家牛脂工厂突然同时起火了一样"。这次爆破成功摧毁了这片礁石，《纽约时报》称之为"科学的伟大胜利"。但观众对此多少有些失望，"认为整个事件像一场被过度宣传的骗局，如果要买门票观看的话，很多人大概会愤怒地要求退款"。此次爆破行动圆满成功，但这仅仅是清理这条航道的大型爆破工程的开始。九年后的1885 年 10 月 10 日，牛顿用 28.3 万磅的达纳炸药和胶质炸药成功炸毁了"地狱之门"海峡中面积达 9 英亩的被称为"洪水岩"的礁石，极大地改善了海峡的航运能力。《纽约时报》在第二天对这次爆破的报道中写道："当挖泥船把海底被炸碎的礁石打捞起来并运走后，'地狱之门'将不再是一片危险的水域，海湾底部曾经的褶皱将舒展为'诱人的微笑',满是礁石的海域将成为拥有 25 英尺深的可供远洋汽船通行的安全区域,这里必将成为国际贸易中一条新的重要通道。"

另一项在达纳炸药的助力下完成的工程壮举是英格兰西部的塞文隧道。该工程几乎与圣哥达隧道在同一时期动工,这条河下铁路隧道能够省去跨河铁路桥的修建或蒸汽渡轮的使用。该隧道全长 4.5 英里,是世界上第一条长距离水下隧道。在隧道施工期间,石缝中涌出的洪水造成数十人死亡,大幅延误了工程的进度。为了赶工期,隧道工程师托马斯·沃克(Thomas Walker)不得不将工人每班的工作时间从 8 小时提升至 10 小时。达纳炸药在这条隧道的施工中表现不佳,因为在过低的气温下,炸药会产生"大量有害甚至致命的气体,以至于工程中很多时候不得不放弃使用炸药"。当然,即便是非低温环境,在隧道和矿井等通风条件较差的工地,火药产生的烟雾也会对人体造成伤害。但在大多数情况下,负责人并不会出于对工人健康的考虑而放慢工程进度,塞文隧道的修建也不例外。开工 13 年后的 1886 年,第一辆火车成功驶过隧道。这条铁路隧道的通车大幅缩减了布里斯托尔(Bristol)与加的夫(Cardiff)之间的行程。

92

这一时期的其他大型铁路隧道工程还包括:宾夕法尼亚州 1872 年完工的 1 英里长的马斯科纳特康隧道;马萨诸塞州 1876 年完工的长达 5 英里的胡萨克隧道,这条隧道的施工时间长达 21 年,工程中人们首先使用的是传统火药,后期才改用达纳炸药,200 多名工人因施工过程中的爆炸事件而丧生;1898 年至 1906 年在阿尔卑斯山体中修建的连接瑞士和意大利的辛普朗隧道,这条隧道的长度虽然和圣哥达隧道相当，但用时和成本少很多，伤亡人数大幅下降，造成 32 人死亡和 84 人伤残。除了上述工程，这一时期还修建了数百条名气没那么大的隧道。19 世纪 80 年代，铁路承包商和金融家威廉·科尔内利乌斯·范·霍恩（William Cornelius Van Horne）在安大略省北部建了三座炸药厂，专门为加拿大太平洋铁路公司供货，用于在加拿大地盾的工程以及在落基山和塞尔克山的数十个山口和隧道的爆破工程。如果没有这些达纳炸药和胶质炸药所提供的强大威力，贯穿加拿大的铁路不可能建成，西部殖民地不列颠哥伦比亚地区也不可能与东部地区连为一体，形成今天的哥伦比亚省。在这个浩大的铁路修建工程中，成百上千名饱受虐待的中国劳工在爆炸事故中丧生。

运用诺贝尔的达纳炸药，人们不仅修建了世界上最宏伟的铁路系统，还挖通了许多不可思议的运河。1881 年至 1893 年，达纳炸药被用于修建位于伯罗奔尼撒半岛和希腊大陆之间的科林斯运河。修建这条 4 英里长、水深 24 米的运河需要人们在岩石表面向下开凿 259 英尺，使之成为一个陡峭的 V 形峡谷。通过连接爱奥尼亚海和爱琴海，这条运河大幅提高了雅典的航运地位，给希腊带来了大量财富。另一条著名的运河是位于埃及的长达 100 英里的苏伊士运河，这条修建于 1859 年至 1869 年的运河由法国工程师费迪南·德·雷赛布（Ferdinand de Lesseps）主持修建。通过连接地中海和红海，这条运河大幅缩短了原本需要绕道非洲南端的航程。这项工程最后几年的进度也由于用达纳炸药替代火药而大幅提速。1904 年至 1918 年之间修建的长达 360 英里的纽约州驳船运河将哈德逊河与五大湖连接在一起。在这项工程中，人们用达纳炸药拓宽和加深了 80 年前用火药建成的伊利运河，这对纽约市的经济发展至关重要。

在大西洋与太平洋之间的巴拿马地峡上修建的长达 51 英里的巴拿马运河，同样离不开达纳炸药的使用。运河建成后，许多船只无须绕路南美洲南端的合恩角，将北美洲东西岸之间的远洋货物运输时间缩短了数周。巴拿马运河是当时成本最高的工程之一，夺走了近 3 万名工人的生命。在之前修建过苏伊士运河的法国工程师德·雷赛布的主持下，巴拿马运河工程于 1882 年动工。但疟疾、黄热病和严重的成本超支导致雷赛布的公司破产。美国政府于 1904 年收购了这家公司所有的资产，继续推进这项大型工程。1914 年，第一艘船通过巴拿马运河成功从大西洋驶入太平洋。这是美国政府当时投资最大的项目，使用了数百万吨达纳炸药，挖掘出 1.84 亿立方米的泥土。1890 年至 1896 年，人们使用达纳炸药拓宽和加深了多瑙河在罗马尼亚境内的铁门河段，提高这条欧洲交通要道的运输能力。达纳炸药还用于修建世界上第一条地铁——伦敦地铁。这项工程的工期十分漫长，于 19 世纪 60 年代开工后一直持续到 19 世纪末。在世界另一端的纽约，将近 1000 万吨达纳炸药用于修建纽约地铁的第一条地下隧道，曼哈顿第一条地铁线路于 1904 年投入运营。达纳炸药还完成了许多实用性不那么强的工程，比如拉什莫尔山上雕塑[①]的制作、庞大的地下污水系统，以及通过地下蓄水层提供饮用水和灌溉用水的工程。如果没有达纳炸药，澳大利亚的

① 指华盛顿、杰弗逊、林肯和老罗斯福四位总统的雕像，拉什莫尔山俗称"总统山"。——编者注

采矿业就不会迎来蓬勃发展。20世纪30年代以来，大量的炸药还用于爆破巨大的峡谷，修建博尔德水坝（胡佛水坝）、沙斯塔坝、大古力水坝等大型水利工程。如果没有达纳炸药以及大量类似产品，这些大型工业工程可能需要上千名工人花上千年时间才能完成。总之，利用达纳炸药完成的商业运河、铁路和其他项目数不胜数，大宗商品和农产品的运输变得更为便利，由此带来的经济效益难以估量。可想而知，如果没有这些运河和铁路，欧洲和北美很难拥有今天的繁荣。

　　达纳炸药诞生后几十年内出现的工程技术奇迹，在一代人的时间内彻底改变了欧洲、美国和澳大利亚的面貌。在这个过程中，许多工人付出了人们难以想象的努力，甚至牺牲了自己的生命。但是，梦想家们并不愿意停留在理性的范围内，不满足于用相对安全和人道的方式使用爆炸物，而是不断探索可能性的边界，去尝试之前从未做过的事情。否则，人们可能会继续使用火药来完成规模有限的采矿和隧道工程。在这个属于达纳炸药的时代，人们不断将之运用到更鲁莽、疯狂和危险的工程项目中，其实这体现的是人的本能，与冒险家们攀登世界最高峰、探索最遥远和最危险的水域以及乘坐火箭登月的动机是一样的。达纳炸药这一新工具只不过为人们追寻更艰巨的目标提供了一种重要的手段。

　　在那个缺少监管的时代，人们总是将对经济和时间的考虑置于生命之上。为此付出代价最高的主要是大量来自农村、文化水平较低的劳工。他们的工作报酬低，住宿环境和伙食条件差，工作危险，许多人都倒在了工地。除了工人，这些大型工程对承包商来说也不太公平。历史学家桑德斯特罗姆指出："我们可以看到，在那个年代，隧道承包商承受着普通人难以承受的压力。在过去一百年的伟大的隧道承包商中，没有一个人活过 60 岁。阿尔卑斯山的弗雷瑞斯隧道、圣哥达隧道和辛普朗隧道的承包商，都没能亲眼看到自己倾尽心血实现的最终成果，死在了自己的工地上。"诚然，他们的劳动效率高于历史上任何工人，他们取得的成就令人叹为观止，但客观地说，他们工作条件的改善完全与生产力水平的提高不相匹配，而后来经常享用这些工作成果的人们，很少会想到他们曾经的付出。殊不知，在这些工程当中，每一段路都是工人们用生命筑成的。以圣哥达隧道为例，几乎每 1 英里的路程就沾满了将近 27 名工人的鲜血。大概只有亲历这些风险，人类才知道自己身体的局限性，才知道要为自己的无知和狂妄付出如此巨大的代价。又或许，这是人类注定要承受的苦难，因为人只有从苦难中才能吸取教训。

在短时间内，达纳炸药通过各种土木工程加速了整个世界的现代化进程，同时促使人类尝试更具挑战的事业和技术试验，包括对威力更大的爆炸物的探索。当然，这种探索并非全都是为了人类的共同利益。毕竟，火药自发明以来，最主要的用途还是在军事领域，火药和达纳炸药在暴力冲突领域对全球历史的影响绝不亚于其在土木工程上的影响。

96

第五章

强大的"实力均衡器"：
爆炸物带来的社会变化

大炮这一邪恶的发明使懦弱的小人能轻松杀死最勇敢的英雄。一颗不知来自何处的子弹，很可能是由这种胆小的小人射出，他自己也很害怕，常常会被自己武器发出的火光吓得落荒而逃。

——米格尔·塞万提斯(Miguel Cervantes)，

《堂吉诃德》，1605 年

　　在一个多世纪的时间里，在法国饱经战乱的西北部地区，英国军队四处劫掠，所向披靡，但 1449 年的春天，这一形势将发生根本性改变。冬日的冰雪逐渐融化，又到了每年的战争季。4 月 15 日，托马斯·基里尔爵士（Sir Thomas Kyriel）率领一支约 4000 人的英国军队前往营救被法军围困在卡昂（Caen）附近的英国驻军。基里尔这支军队中包括骑兵、长矛兵和将近 2900 名令敌军闻风丧胆的长弓兵。英国军队在诺曼底地区的几十个要塞和城镇都驻扎有军队，顽强地控制着法国西北沿岸地区，这片土地是 1346 年克雷西会战以来英国在百年战争中的战果。法国国王面对英格兰长弓无能为力，这种能够在敌方骑兵和步兵靠近前就发动进攻的致命武器很难被其他国家掌握，使用这种武器需要经过专门的训练。

　　在郁郁葱葱的乡间小道行军几小时后，两名骑兵朝基里尔军队的方向飞速赶来，勒住缰绳，上气不接下气地向他汇报一个既令人兴奋但又不安的消息：一支由 3000 名骑士和数百名当地步兵组成的法国军队部署在他们的行军路线上。基里尔立马命令军队在附近的果园里组成通常使用的防御阵型，重骑兵下马分散在位于侧翼的弓箭手之中，等待着法国军队的到来。法军指挥官克莱蒙公爵（Duke of Clermont）深知英军长弓手的厉害，命令部队始终与英军保持 300 米以上的距离，确保本方不会被长弓的铁铸箭头射到。克莱蒙公爵用骑兵进行了几次试探性进攻，但都被英军长弓手击退，于是他把新式长管炮拖到了前线。法国军队有好几门这种长管炮，放置在炮车上，由马匹牵引。这是大炮最早运用于战场的案例之一。当时的大炮还非常笨重，机动性极差，还需要通过特殊的设计来承受开火时产生的后坐力。通过使用类似制作教堂大钟的整体浇铸法，人们在建造大炮时在炮体两旁铸造炮耳，以便将其固定在轮式炮台上。

法国炮手开始向英国兵阵开火，战场上声响巨大，烟雾弥漫。石弹从炮口射出，落地后在英国长弓手的队伍中滚动。这些长弓手完全没有招架之力，因为对方的位置超出了长弓的射程。这时他们意识到，要想活下去只有两个选择：要么撤退，要么向前冲。于是，在一阵呐喊声之中，他们组成一个参差不齐的阵型朝法国大炮的方向冲去，杀死了那些还没来得及逃跑的炮兵，在法国骑兵发起冲锋之前截获了这些大炮。

但与此同时，交战过程中大炮射击时发出的巨大轰鸣声引起了由里士满伯爵（Count of Richemont）率领的一支驻扎在附近的小规模法国军队的注意。里士满伯爵马上带着自己的人马冲向战场，加入战斗。面对敌方的援兵，基里尔立刻召集自己的部队重新组成作战阵营展开迎击，但为时已晚。被打得七零八落的长弓手难以进行有效的反击，很快就全部被这支法国军队屠杀和俘虏，而法军只有几百人伤亡。这场战争的失利对英国的打击非常大。此后，英国在诺曼底地区再也没有成规模的驻军。

这就是著名的福尔米尼之战，也是最早由火炮影响战争结果的冲突之一。在接下来的几年里，有可移动式大炮装备的法国军队炸毁了英军的城堡，将他们彻底赶出了欧洲大陆。在大炮面前，传统的作战策略和防御工事毫无用处。英军可谓是兵败如山倒，当这场无休止的战争最终于 1453 年结束，英国在法国只剩下加来（Calais）最后一个据点。以射石炮为代表的火药武器取代了长久以来英国长弓在远距离攻击武器上的统治地位。

在诺曼底地区取得了对英国的胜利后，法国国王路易十一开始将矛头转向强大的对手——被称为"大胆的查理"的勃艮第公爵（Duke of Burgundy）。勃艮第公国领土广阔，并拥有当时最熟练的铸钟师和枪炮制造工。为了抵抗法国国王的进攻，勃艮第人积极发展军力，与法国展开军备竞赛，整个欧洲的枪炮设计水平得以迅速发展。两个地区的工匠们都试图在保持大炮火力的前提下加强其机动性。实现这一点的唯一方法是加强大炮的强度，使其拥有更小的体积，从而便于运输，同时能频繁承受密度更大的铁弹发射过程中产生的冲击力。最终，他们铸造出带有炮耳枢轴的 6 英尺和 8 英尺长的小型大炮，可安装在结实的双轮车上，在行军过程中能够相对便捷地牵引前进。1477 年"大胆的查理"被杀死后，他的领土被法国和哈布斯堡王朝瓜分。军事历史学家约翰·基根（John Keegan）在《战争史》（A History of Warfare）中写道："最终结果是，法国王室自六个世纪前的卡洛琳时代以来，第一次完全控制了自己的领土。凭借强大的财政系统，以及大炮在顽固封建领主面前发挥的'终极收税官'的作用，法国建立起强大的中央集权政府，很快成为欧洲最强大的国家。"

在接下来的几十年，路易十一的继承者查理八世进一步巩固了法国在欧洲的地位，不但吞并了布列塔尼，还向南入侵意大利，实现了法国对那不勒斯王国的控制。机动式大炮为他带来了一系列举世瞩目的胜利。在意大利南部，这些大炮在短短几天内就炸毁了矗立了几个世纪的坚固堡垒。基根写道："在意大利，他的军队所到之处，整个大地都在颤抖。他的大炮引发了一场真正意义上的战争革命。那些经常让攻城车和攻城兵束手无策的高墙，在这种新式武器面前无能为力。"经法国和勃艮第工匠大幅改进的大炮，将动摇整个欧洲社会的基础。

× × ×

17 世纪作家威廉·克拉克对火药武器经过几个世纪改良后达到的威力给予了高度评价。他写道："古代即使是像战神玛尔斯或大力神赫拉克勒斯那样的勇士，如果放到现在，看到人造闪电，听到那雷鸣般的声音，感受到火炮的威力，一定也会被吓得浑身颤抖，不知所措，最后惨死在炮口之下。"但被这些武器打死的不仅是敌人。几个世纪来，这些武器在使用过程中非常危险，经常在没有任何征兆的情况下突然爆炸或走火，造成本方人员伤亡。苏格兰国王詹姆斯二世可能是死于早期火炮不可预测力量的最著名的受害者。利用玫瑰战争后的政治混乱局势，他于 1460 年率兵向南推进，对罗克斯堡发动进攻。在近距离监督一门绰号为"狮子"的重型攻城炮发射时，这门大炮突然炸膛，导致他当场死亡。据目击者描述："当大炮发射时，好奇的国王就站在大炮旁边。他的大腿骨被炸膛产生的一块碎片一分为二，导致他倒在地上很快死去。"

尽管大量类似事故暴露出当时火炮存在的明显缺陷，但机动式火药武器很快对欧洲的政治和军事结构产生了深刻的影响。面对大炮的进攻，几个世纪来坚不可摧的堡垒在几天之内就被夷为废墟。作为中世纪最重要的资产，高耸的城墙因为无法承受加农炮弹的冲击力而逐渐沦为一种“负资产”。而且，城墙修得越高，底部被摧毁后造成的坍塌就越严重，由此造成的伤亡也越惨重。历史学家威廉·H. 麦克尼尔（William H. McNeill）在《火药帝国的时代：1450—1800》（*The Age of Gunpowder Empires，1450 - 1800*）中写道：“中央政府和地方政府之间的权力关系被打破，谁能拥有这种新式攻城炮，谁就可以成为君主，轻而易举地让那些无法获得这一武器的人屈服，即使后者之前从未受过这种屈辱。”换言之，封建制度及其维持的中央与地方之间原有的权力平衡被打破，以前需要花费很高成本、围攻几年才能攻陷的地方势力要塞，现在只要几个小时或几天时间就可以拿下。对名义上的国家元首或国王的异议和不忠将不再被容忍。国王比以往任何时候都拥有更绝对的权威，能迫使其疆域内哪怕极为偏远的人都臣服于他。

　　新的武器也带来了防御工事的技术革新。查尔斯八世突袭意大利后的几十年内，一种新的通过覆盖泥土来分散炮弹冲击力的防御工事在欧洲得到普遍应用。这种防御工事一般比较矮，为了有效地实施防御，防御工事本身需配备多门大炮，因此修建成本极高，进一步提升了富裕的君主相对于其疆域内封建领主的权力。理论上，假如哪个帝国有着最强的火药武器，那么它便有机会统一整个欧洲。但现实并未创造这样一个机会。不同于世界其他地区，在欧洲，这种新式大炮从未被任何一个国家垄断，而是在某个国家形成霸权以前同时被数十个相互对立的国家拥有，最终形成了军事实力上的均势。

102

　　欧洲国家相互间不间断的小规模冲突，不仅带来火炮技术的持续进步，还推动了火炮使用方式的革新。在路易十一用火炮驱逐诺曼底英军后的一个世纪内，火药武器完全改变了战场的作战方式，指挥官和战术家充分利用枪炮的优势来加强与支援本方骑兵和长矛步兵。在 1515 年的马里尼亚诺战役中，取道瑞士进军意大利的法国军队用大炮和火绳枪击溃了在山区实施阻击的瑞士长矛兵与骑士，歼灭了 2.5 万瑞士军队中的 2.2 万人，本方仅损失 2000 人。马里尼亚诺战役被认为是最早的现代战争案例，是人类战争方式的一个转折点。在这场战役中，人们首次将军队内不同军种的力量进行重组，从而最大限度发挥枪炮的威力。值得一提的是，这场战役不仅改变了传统的作战方式，还重设了不同类型战斗人员的相对地位。

　　几个世纪以来，欧洲用于维持封建制度的支柱之一便是保持军队与特定社会阶级之间的紧密联系。盔甲骑士终其一生练兵习武，他们的武器、装甲和战马都极为昂贵，普通人根本无力承担。骑士自身付出的时间、随时面临的生命危险以及消耗在他们身上的巨大财富，使他们拥有极高的社会地位，成为社会中的特权阶层。然而，随着火药武器的出现，一个从未经受过训练的农民也可以轻易射杀一名最勇敢的骑士，骑士不再是无懈可击和令人闻风丧胆的作战力量。因此，贵族武士阶级的特权地位开始松动，地方领主通过成为骑士来换取土地使用权的封建社会结构由此走向瓦解。武装和训练一名骑士需要耗费大量时间和金钱，当骑士像塞万提斯在《堂吉诃德》中所描写的那样随时可能被射杀，训练和供养骑士就变得不划算了。基根在《战争史》中也写道："骑兵冲锋的效果更多来自进攻方在道德和心理上的劣势，而非战马和骑士客观拥有的力

在19世纪80年代无烟火药诞生以前的三个世纪，火炮技术基本没有取得实质性
进展。

量。一旦骑兵遇到抵抗意志坚定的对手……或遇到像火枪那样可以
轻易击杀骑兵的武器，骑士阶层在战争中的主导地位及其自身的社
会地位都将遭到质疑。"温斯顿·丘吉尔在《英语民族史》（*A
History of the English-speaking Peoples*）中也讨论了爆炸物武器
和火药对欧洲封建社会的冲击："震耳欲聋的爆炸声和冲天的滚滚
硝烟在友军中引起的警觉超过敌人，但最终引起了所有人的注意。

一个曾经统治并引导基督教世界 500 年、在当时被视为人类管理与才能巨大进步的制度倒在废墟中。人们忍受着痛苦将废墟清走，为建立新大厦腾出空间。"

当然，这种变化趋势遭到贵族骑士的强烈抵制。火药武器带来的挑战让意大利骑士吉安·保罗·维特利（Gian Paolo Vitelli）怀恨在心，他下令将所有被俘的敌方火绳枪手和炮手的双手砍断，并剜出他们的眼珠。以前，骑士常嘲笑弓弩手和长弓手，认为只有懦弱之辈才会使用这些武器，后来人们对枪炮手的嘲笑有过之而无不及，因为后者的社会地位更低，大多来自社会底层。尽管如此，到 17 世纪末，火药武器在各国军队中都得以普及，成为标准武器装备。当代评论家威廉·克拉克在讨论火药武器地位的上升趋势时略带几分诙谐地写道："在枪炮出现后，许多经过长期改良的战争武器——被人们抛弃，这真是一个了不起的现象。当然，剑可能是一个例外，佩剑既有实用功能，也是一种时尚。但仅就实用性而言，剑显然比不上手枪。"与冷兵器时代的结束相伴的是，社会心态的缓慢转变。另外，用于制作火药的硝石的长期短缺等因素也在客观上延长了冷兵器的使用时间。当然，长矛和剑等冷兵器并非全无用武之地，在近身搏斗和登船作战等场合下仍需使用冷兵器，但到 18 世纪，枪炮已成为最主要的武器选择。

为了实现国家的合理自卫或军事野心，所有国家都不得不接受这种改变。盔甲骑士逐渐成为既昂贵又不好管理的存在，他们面对训练有素的枪炮部队毫无优势可言。苏格兰历史学家托马斯·卡莱尔（Thomas Carlyle）认为，"火药让普通人的形象变得高大起来"，因为火药武器不需要依靠贵族来操作，不需要长期的学习和训练来掌握其使用要领，对身高和身体素质的要求也不高。此外，由于这些新式武器只有通过多轮齐射才能实现最大攻击力，强调个人英雄主义的骑士反而变得不合时宜。为了避免农民在掌握这种强大武器后发动叛乱，一种强调纪律、服从意识和团队协作精神而不是勇气和个性的新型军事训练方式应运而生。农民生来处于社会下层，对现有社会等级制度缺少认同。因此，指挥官尝试培养士兵忠诚于军队，而不是忠诚于封建领主或遥远的国王。

随着时间的推移，尤其是在 17 世纪，贵族骑士的单兵作战逐渐被无名的农民枪手的集体作战所取代，后者组成的军队无休止地投身于机械化的操练，并坚定地服从长官的命令。基根在《战争史》中指出："虽然组织者不一定愿意承认，但我们可以把这种军队模式理解为类似于奥斯曼帝国耶尼切里军团的军事奴役体系，即通过征兵制度招募士兵，并通过严格的纪律和近乎剥夺军人公民权利的军队制度来确保士兵绝对服从。在训练和作战中整齐的队伍及其机械的动作，正反映了士兵对自己个性的放弃。"曾几何时，雇佣兵身着各种掠夺而来的不同衣服在战场上厮杀，骑士则傲慢地炫耀着自己色彩斑斓的旗帜和纹章，在战场上寻找与自己社会地位相匹配的对手。封建制度，连同其华丽的装饰、对荣誉的渴求、充满仪式感的作战方式以及森严的社会等级，都被火药炸得粉碎，消失在历史的洪流之中。

106

* * *

对新式火药武器的运用并不限于欧洲。1453 年，在历史上具有非同寻常的意义。在这一年，当路易十一击退在法国北部盘踞了一个世纪的英国军队时，奥斯曼帝国也攻陷并劫掠了基督教世界在近东最后一座城市君士坦丁堡，并将其重新命名为伊斯坦布尔。几个世纪以来，奥斯曼帝国一直觊觎这片土地，但之前的尝试均以失败告终。这一次胜利的关键就在于大型火炮的使用。由于这两个关键事件，历史学家普遍将 1453 年视为中世纪与现代的分水岭。

1000 多年来，位于拜占庭帝国中心的君士坦丁堡一直是罗马帝国在东方的商业和文化中心。这座拥有 10 万多人的繁荣的国际大都市曾经受住了马扎尔人、俄国人、撒拉逊人和突厥人的无数次进攻。凭借其著名的以三面城墙为基础的防御工事、纪律严明的大型舰队以及神秘而强大的希腊火，这座城市长期以来维持着独立状态。1451 年，一位在许多人眼中放荡不羁和心狠手辣的年轻人成为奥斯曼帝国的苏丹（统治者），他就是穆罕默德二世。在他的带领下，奥斯曼帝国在今天的土耳其一带迅速崛起。为了实现自己儿时的征服者之梦，穆罕默德二世成为一个冷酷无情的战术家，用了整整两年的时间心无旁骛地策划如何摧毁罗马帝国最后的领土。

1453 年，穆罕默德二世集结 20 万大军和一支强大的舰队，向君士坦丁堡开进。此前，奥斯曼帝国已经征服拜占庭帝国在今天罗马尼亚和保加利亚一带的领土，使拜占庭帝国成为一个"失去身体的头"。新任苏丹很快意识到欧洲大炮技术发展引发的革命性变化，于是雇用在拜占庭帝国受到不公待遇的匈牙利军事工程师和大炮奇才乌尔班（Urban），制造了一大批用于攻城的大炮。穆罕默德二世的炮兵部队实力相当可观，拥有十几门巨型炮和将近 60 门体积更小的机动型加农炮。穆罕默德二世还下令铸造了以工程师的名字命名的"乌尔班巨炮"。这种大炮有 26 英尺长，炮孔直径达 36 英寸，能发射重达 1200 磅的炮弹。在他的指挥下，这些大炮由将近 200 人和几十头牛缓慢运送至战场，于 4 月 6 日完成在了在前线的部署，做好了炮轰君士坦丁堡城墙的战前准备。"乌尔班巨炮"的体积庞大，以至于发射前填充火药和发射后清洗炮管的过程需要好几个小时，一天只能发射 7 次。此外，由于其内部结构不够规则，经常在使用几天后就出现裂痕，无法继续使用。尽管如此，通过"乌尔班大炮"在前几日的轰击，以及其他大炮连续六周的轰击，君士坦丁堡的城墙被炸出了许多缺口。

　　拜占庭帝国皇帝君士坦丁十一世帕里奥洛格斯深知，穆罕默德那震耳欲聋的炮声预示着自己统治即将结束。他只有区区 8000 人的军队守城，一旦城墙被炸开，大量的奥斯曼军队就会一拥而入。作为最后的抵抗，他也将性能逊色于对方的自家大炮推上城墙，试图朝城外密密麻麻的奥斯曼军队开火，然而这只是一种表演性的无望的姿态，古老的城墙在建造时只考虑了高度，没有考虑承重，根本无法承受大炮的后坐力。大炮的每一次开火都导致本方的城墙进一步开裂和坍塌。这时守城部队已无计可施。六周后，城墙的缺口已足以让穆罕默德二世的军队进入城内。1453 年 5 月 29 日，这个对罗马帝国而言极为悲痛的日子最终来临。听到入侵者从破损的城门涌入的声音，君士坦丁十一世挥剑呐喊道："我与城邦共存亡！"奥斯曼帝国的军队很快成全了他，将他杀死，随即开始对全城烧杀抢掠。数千民众在混乱中遇害，成千上万人沦为奴隶。君士坦丁堡的陷落，是大炮对之前固若金汤的堡垒取得的首次胜利。在这之后，奥斯曼帝国迅速在军队中普及大炮和小型火器，从叙利亚、阿

108

拉伯半岛和埃及进一步扩张到匈牙利、乌克兰和巴尔干地区。

* * *

君士坦丁堡陷落 73 年后的 1526 年，蒙古人帖木儿（Timur）后裔巴布尔（Babar）率领的部队拖着一批土耳其大炮，越过喜马拉雅山入侵印度北部。虽然这支军队以骑兵为主，但正是凭借这些土耳其大炮，巴布尔在 4 月 21 日的帕尼帕特战役中击溃了一支拥有数百头战象的 10 万大军，夺下一个可支持他继续征服南亚次大陆大部分地区的据点。虽然这支入侵军队受奥斯曼帝国和波斯帝国军队的影响较大，是以骑兵和弓箭手为核心建立的，但巴布尔敏锐地察觉到大炮的战略价值。和"征服者"穆罕默德二世一样，他也雇用工匠和冶金工人打造攻城炮，而且是在他试图攻陷的城市附近就地完成这项工作。由于大炮过于笨重，会影响骑兵的高度机动性，他将两者分开使用：当骑兵冲向敌方营地时，炮兵摧毁敌军的防御工事和藏身点。凭借这种战法，巴布尔为莫卧儿帝国打下了坚实的基础。他的继任者们沿用他的战法进一步开疆拓土，征服了印度教徒和印度大部分地区维持了几个世纪的统治。不同于欧洲，莫卧儿帝国垄断了对火炮的使用权，建立和维持着德里强有力的中央集权统治。正是由于莫卧儿帝国倚重火炮的作用，印度比哈尔地区发展为重要的硝石产地，这个产地在 17 世纪到 18 世纪引起了欧洲人的关注，而这后来竟然成为莫卧儿帝国走向没落和灭亡的直接原因。为了控制印度的棉花和硝石等重要商品的贸易，欧洲人最终诉诸武力，使用了比莫卧儿帝国技术更先进的大炮和更适合现代军队的战术。

* * *

火药武器给中国和日本的社会也带来了一些变化，但与欧洲和中东的方式完全不同。虽然火药和原始火器均起源于中国，但从未在中国军队中得以普及。在东亚，统治精英很早就意识到，一旦平民或暴徒拥有了火炮，就可轻而易举地战胜全副武装的军人，这将严重扰乱社会秩序，统治精英对此无法接受。因此，中国和日本的统治精英都严格限制危险的火器在社会中扩散。他们不但有这样的主观意愿，也有做到这一点的能力。毕竟，欧洲与奥斯曼帝国接壤，面对基督教文明与伊斯兰教文明间不可避免的冲突，双方不得不发展和使用火药武器以确保自身生存。中国和日本则与外界相对隔离，内部文化也具有高度的稳定性，中央政府有条件通过限制火药武器的使用来维持历史悠久的武术传统。

历史学家威廉·麦克尼尔指出："在中国，没有人主张给步兵配备枪支，并为他们提供有效的训练，从而在战场上战胜骑兵。因为步兵主要来自社会底层，如果他们拥有过强的机动性和战斗力，文官将难以管控军队。"几个世纪来，中国的外部威胁主要来自北方草原未掌握火药武器技术的游牧民族，所以中国的中央政府可以相对安全地在军内推行军备控制政策：既然敌方缺少发动远程攻击的大炮，那么面对他们的进攻，在本方防御工事的基础上，弓箭的攻击力已绰绰有余。在指挥体制上，中国军队的指挥官在没有文官允许的情况下无法调动军队。即使指挥官希望增强军队的作战

110

能力，他们也无法获得火药武器，甚至没有足够的权力和影响力来提出类似要求。总之，通过内部权力制衡，以及在外部入侵者缺少先进武器的前提下，中国政府有效地维持着长期以来的社会等级制度。在这种治理方式下，国家无须采购或研发昂贵和先进的武器。

　　这种对强大火药武器的抑制性政策，虽然制约了军队的发展，削弱了本国的国防力量，但几个世纪来有效维持了社会内部的稳定。然而，中国终究要面对来自欧洲的坚船利炮。随着欧洲人在中国沿海地区的活动日益频繁，中国与外部接触和冲突的主要地区不再是北方草原，而是东部和南部的沿海地区。面对来自海洋的威胁，中国军队装备落后，无力招架。在 1840 年至 1842 年中国与英国之间的鸦片战争中，面对英国数量有限但装备精良、训练有素的部队，中国军队几个世纪来闭关自守的积弊暴露无遗，火药武器的重要性得到充分的体现。

　　16 世纪的日本在社会结构和等级制度上类似于封建制度下的欧洲，日本的武士很像欧洲的骑士，都效忠于地方势力和名义上的皇帝。日本武士终其一生练习剑术和近身搏斗术，享有贵族地位。荣誉、职责和礼仪对武士而言至高无上。16 世纪初，与欧洲人接触后，火药武器对日本历史产生了深远影响，使之进入了政局混乱、群雄割据的战国时代。1543 年，当葡萄牙商人带着原始火绳枪来到日本，这种新式武器很快引起了日本人的注意。几年后，拥有或许是世界最精湛铸剑工艺的日本匠人开始大量生产高质量的手持火器和小型火炮，为日益白热化的军阀内斗提供武器。1575 年，武士领导的主要由农民组成的 1 万人军队，凭借火枪的优势，在长篠合战中打破了地方割据间的力量平衡，确立了织田信长对日本大部分地区的政治影响力。值得注意的是，这场胜利的关键是农民火枪手，而不是贵族武士。武士在统治阶级的地位由此被撼动，虽然他们仍然是军队的指挥官，但地位已大不如前。

德川家康在 1600 年的关原合战后彻底结束了日本军阀混战的局面。但随后，在武士阶级的支持下，他开始限制火药武器的使用。为了让整个日本去军事化，他下令禁止使用火枪和大炮，重新弘扬剑术，恢复了武士阶级的社会地位。在整个 17 世纪，日本武士对火药武器的态度与欧洲骑士如出一辙，这导致火药武器在日本境内越来越少，许多已经生产出来的武器被闲置，只能在仓库里生锈。约翰·基根在《战争史》中精辟地总结道："德川家康和他的先辈们基于现实政治（realpolitik）的目的使用火药武器，而一旦凭借火药武器获得了权力，这些武器立马变得一文不值，甚至有些面目可憎了。"

通过禁止可能破坏社会稳定的火药武器，统治阶级凭借刀剑就可以维持自己无处不在的影响力和崇高的社会地位。当内部冲突不复存在，长期的战乱一旦结束，他们就没有必要继续武装平民。之所以能做到这一点，主要因为中央政府能通过闭关锁国政策禁止外国人登岛，禁止日本船只远洋航行至国外。但与外部世界隔绝 200 年后，当美国舰船于 1854 年进入东京湾，日本军队同样毫无招架之力。于是，日本开始迅速学习西方的军队现代化进程。和同时期的中国一样，日本维持了几个世纪的森严的社会等级制度和缺少变化的军事技术将迅速解体并重构，进入痛苦的改革期，这一过程比欧洲封建制度解体的速度还要快。

112

＊　＊　＊

爆炸物在战场上的使用具有极强的视觉冲击力，但实际上，爆炸物对社会的影响并不局限于这种直接的使用方式。早在火药刚被改良时，一些充满好奇心的发明家和实验家就开始尝试以更可控的方式利用火药的爆炸力，而不仅仅是利用火药的爆炸力从枪膛和炮膛中发射枪弹与炮弹。1508 年，列奥纳多·达·芬奇开始思考如何利用火药的爆炸力发明一种能够抬升物体或抽水的机器。1673年，曾发明过摆钟的荷兰科学家和发明家克里斯蒂安·惠更斯（Christian Huygens）设计了一种能够利用火药爆炸力驱动金属管内活塞的发动机。他写道："迄今为止，火药的巨大威力主要运用于采矿或爆破岩石等需要剧烈爆炸的场景。长期以来人们希望能够弱化火药的爆炸速度和强度，从而在其他领域对其进行利用。但据我所知，目前还没有人在这方面取得成功，没有诞生任何与之相关的发明。"他乐观地推断，自己设计的新型装置未来将得到广泛应用，包括驱动磨粉机和车辆。

几年后，惠更斯的助手德尼·帕潘（Denis Papin）在巴黎的皇家科学院制造出第一款火药发动机。他计划用这款机器将塞纳河的水抽到路易十四著名的花园喷泉中，并将喷泉中的水喷向天空。但遗憾的是，这款火药内燃机并不适用于这个每一处植物都经过精心修剪的宁静花园。一方面是因为机器的噪音过大，另一方面是因为火药爆炸的强度太大。当活塞被推出时，爆炸产生的大部分气体只能通过阀门系统排出，但当剩余的气体冷却收缩，将活塞吸回来时，由于无法从气缸中排空所有气体，此时产生的真空不足。德尼·帕潘花了几年的时间完善自己的设计，但最终发现这一方案不具有可行性，只能放弃。但在这一过程中，他发现完全可以将这一设计原理运用到其他方向：用水的加热反应代替火药的爆炸反应。他解释道："少量的水在加热后会变成蒸汽，成为像空气一样的弹性体。一旦遇冷，水蒸气又会凝结为水，之前的弹性立刻消失。由此可以轻松得出的结论是，可以制作一种机器，通过水的加热而非火药的爆炸来制造真空，这种机器对热量的要求并不高，成本也很低。"

114

　　在接下来的几年，帕潘的原始蒸汽机方案被包括塞维利（Savery）、纽可门（Newcomen）和瓦特（Watt）等发明家不断改进，被运用到燃气轮机和内燃机的设计与制造中。历史学家约翰·戴斯蒙德·贝尔纳（John Desmond Bernal）在《历史上的科学》（*Science in History*）中评论了火药在科学发明中发挥的关键作用："火药对人类最大的贡献不在于战争，而在于对科学的影响。正是这一影响让人类进入机器时代。火药和大炮不仅炸毁了中世纪的经济和政治体系，还炸毁了与之相关的各种理念……利用火药的爆炸力将炮弹推出炮膛，人们看到了利用火等自然力量的可能性，而在这种灵感的驱动下，人们最终发明了蒸汽机。"可以说，作为这个时代最伟大的发明之一，蒸汽机带来的工业革命深刻改变了欧洲的地理面貌、生产方式和成千上万劳动者的生活和工作方式。蒸汽机缓慢而彻底地摧毁了旧的社会秩序，像当年枪炮终结封建骑士一样，引领人类历史进入了一个新的时代。

* * *

19 世纪 60 年代，阿尔弗雷德·诺贝尔发现并开始推广性能更稳定的引爆硝酸甘油的技术，并发明了达纳炸药，这对社会产生的革命性影响不亚于五个世纪前火药的发明。诺贝尔的产品很快被全球市场认可和接受。虽然达纳炸药主要运用于土木工程和采矿业，这两个行业消耗了世界范围内生产的大部分炸药，但大多数国家的军队都很快意识到其在军事领域广阔的应用前景。在 19 世纪 60 年代，如果有人忽视达纳炸药的军事潜力，那么这个人就像封建时代不认可枪炮的骑士一样可笑和愚钝。

硝酸甘油炸药最初存在一些缺陷，引发了许多严重的事故，以至于许多国家的政府都对这种产品的使用心存顾忌，但凭借强大的爆炸力，这种产品在短时间内畅销欧洲和北美洲，只有一个国家例外。多年来，诺贝尔先后尝试将硝酸甘油炸药和达纳炸药引入法国市场，但遭到火药与硝石管理局这一法国政府机构的强力阻挠。该机构设立于 18 世纪末大革命之前的法国。达纳炸药出现后，法国的火药利益集团成功说服政府垄断爆炸物的经营，禁止法国人进口达纳炸药。这一决定给法国乃至整个世界都带来了灾难性的后果。

1870 年 7 月，年事已高但傲慢自负的拿破仑三世落入外交陷阱，鲁莽地向普鲁士宣战。战争爆发后，法国军队的弱点很快暴露出来，这不仅体现在组织和规模上，还体现在军事技术上。9 月 1 日（一说 9 月 2 日），拿破仑和法国军队在色当战役中被围，开战后不到一个半月就宣布投降。历史学家伯根格伦在诺贝尔传记中带着嘲讽的口吻写道："战争刚刚爆发，法国总参谋部惊恐地发现，德国工兵居然用法国之前拒绝使用的新型炸药炸毁了法国的堡垒和桥梁。"达纳炸药为普鲁士军队提供了巨大优势。一幅现代绘画描绘了沮丧的拿破仑坐在战场附近的椅子上与德国宰相奥托·冯·俾斯麦（Otto von Bismarck）谈判的场景。后者坐得笔直，手扶着剑，下巴微微扬起，满满一副胜利者的姿态。

拿破仑三世被俘后，担心愤怒的巴黎人发动暴乱，皇后立马仓皇逃亡英国。与此同时，在巴黎，一个新的共和国宣布成立。但普鲁士军队并没有如法国人预想的那样撤军，而是继续围困巴黎新成立的政府。显然，巴黎人不打算像拿破仑三世那样轻易缴械投降。一位名叫莱昂·甘必大（Léon Gambetta）、父亲是杂货店老板的性格古怪的法国爱国人士，居然乘坐热气球飞越普鲁士军队的封锁，离开巴黎来到法国西部的图尔（Tours），在那里宣布建立法兰西第三共和国。他不仅重新组织起法国人的武装反抗运动，而且用历史学家赫尔塔·E. 保利（Herta E. Pauli）的话说，"顶着上一场极为耻辱的败仗，继续顽强反抗，让获得胜利的一方不得不付出更大的代价来重新赢得战争。通过这场反抗运动，法国人不仅挽回了自己的民族尊严，还凝聚起本已涣散的民心"。甘必大最早的举措之一就是争取到法国年轻爱国人士保罗·弗朗索瓦·巴贝（Paul Françoisl Barbe）的贷款，在法国南部保里尔（Paulilles）附近建立起一家达纳炸药工厂，并很快投入生产。值得一提的是，保罗·巴贝正是诺贝尔在法国市场的合伙人和代理商。

但法国人的这些努力来得太晚。普鲁士军队很快利用军事优势压制法国人的抵抗运动，占领了法国大部分地区，要求法国人通过大选成立政府并与普鲁士进行和谈。迫于普鲁士军队的军事实力的

116

威胁，惊慌失措的法国人民选出不惜一切代价实现和平并尝试恢复君主制的多数派上台。1871 年 1 月 28 日，该政府正式宣布向普鲁士投降。3 月，巴黎人在长期围困下已经不得不开始吃老鼠和动物园里的动物，之前还经历了长达四个月的大规模坏血病疫情。尽管如此，在巴黎人民的支持下，一个观念激进的共和派团体建立起巴黎公社，将矛头对准了代表资产阶级贵族利益的政府军。4 月，驻扎在巴黎周围山区的普鲁士军队隔岸观火，远远地看着新组建的国民议会带领的法国军队围攻巴黎，开始了为期数周的内战。最终，在普鲁士军队炮兵的支援下，巴黎公社国民自卫军的抵抗运动于 5 月 28 日被彻底镇压。但在此期间，无政府主义者处决了很多人质，烧毁了大量公共建筑，还用达纳炸药炸毁了巴黎的公共纪念碑。

法国在普法战争中经历了屈辱而彻底的失败，战后签订了对法国而言非常苛刻的和平条约，由此产生的影响一直持续到 20 世纪。剑桥历史学家阿拉斯泰尔·霍恩（Alastair Horne）在《如果？著名历史学家们想象可能的未来》（*What If? Eminent Historians Imagine What Might Have Been*）中的一文中写道："根据俾斯麦苛刻的条款，法国失去了阿尔萨斯和洛林两个最富裕的省。法国人永远不会忘记这个悲痛的事件。普法战争结束 44 年后……为了收复这两个省，法国将开战，将整个世界带入新的灾难之中。在这场世界大战中，全世界的力量平衡将被彻底打破，为此后更大规模的一场世界大战埋下伏笔。"普鲁士军队能在普法战争中大胜法国军队，炸药的使用虽然不是唯一因素，但毫无疑问是重要的加速器，迫使法国人不得不接受普鲁士提出的极具惩罚性的和平条约。历史学家伯纳德·布罗迪（Bernard Brodie）和福恩·M. 布罗迪（Fawn

M. Brodie）在《从十字弓到氢弹》（*From Crossbow to H-Bomb*）中提出："随着科学变得越来越复杂，战争中科学、技术和人的互动关系也变得越来越微妙。任何一种简化都是对事实的扭曲。"但是，如果我们承认对历史的假设存在一定合理性，那么可以说，法国和普鲁士对烈性炸药完全相反的态度，不但影响到普法战争的结果，还对欧洲乃至世界历史产生了深远影响，最终引发了一系列极具破坏力的战争。毕竟，如果法国溃败的速度没有这么快，战争输得没有这么彻底，普鲁士可能就不会要求法国割让阿尔萨斯和洛林，那么接下来发生的事件就不会引发第一次世界大战。

　　巴黎公社时期的法国内战证明，非专业人士也可以安全而快速地生产大量炸药，不利于社会稳定。伯根格伦评论道："在巴黎公社时期，人们的极端行为，包括使用自制爆炸物，让全国人民对任何新型爆炸物都心存恐惧。"因此，在这场战争结束后，国民议会再次宣布在全国范围内禁止生产和使用达纳炸药，并下令关闭巴贝和诺贝尔在法国的工厂。直到1875年法国才恢复达纳炸药在国内的生产和销售，而这时达纳炸药在欧洲其他地区民用和军用领域的使用已有很长时间。我们不难理解法国对炸药所持的审慎态度，达纳炸药等新型爆炸物具有成本低廉、生产简单和运输方便等特点，许多无政府主义者、恐怖分子和叛乱分子都倾向于使用这些武器来制造社会混乱。和几个世纪前的火药一样，炸药能为个体赋能，不利于政府对社会的管控。同样，法国最终采纳这一技术也很好理解，因为相对于社会管控，周边国家对炸药技术的运用给法国带来的风险更大，普法战争就是最好的例证。这时，在整个欧洲，唯一禁止销售达纳炸药的国家只剩下俄国。类似于几个世纪前对火药进

118

行严格管控的中国和日本，俄国在地理上也与欧洲其他地区相对隔绝，政府有能力在全国范围内控制达纳炸药的使用。

在欧洲大部分地区和美国，达纳炸药迅速取代火药，工业化进程也在这种新技术的助推下加速发展。在过去的五个世纪，火药是唯一的爆炸物，19 世纪初的火药技术无非是对 14 世纪末出现的原始概念的细微修改，几百年时间都没有出现重大的技术进步，火药的威力也没有发生实质的变化。但在硝酸甘油产品问世后的短短几十年中，人们突然发明出几十种不同类型的爆炸物，广泛应用于工业炸药、炸弹、炮弹和枪支的推进燃料。19 世纪末，爆炸物发展为一个巨大的产业，知识产权法处于起步阶段，科学爆发出前所未有的创造力。

第六章

发明、专利和诉讼：爆炸物的黄金时代

即使申请了专利，发明家在大多数情况下也无法得到法律的保护。因此，我建议，应当称化学专利为"为了鼓励寄生虫而对发明家的征税"。

——阿尔弗雷德·诺贝尔，19 世纪 70 年代

阿尔弗雷德·诺贝尔是 19 世纪末爆炸物发展中几乎所有关键发明的先驱，然而他在知识产权保护上所花的时间远多于做研究。诺贝尔的发明在短时间内对社会产生了革命性影响，但由于其原理简单，很容易被模仿，而且剽窃者能从中获得巨大利益，这一时期，有很多化学家和科学家都在寻找威力更大的新型爆炸物，以满足市场需求并获得高额利润，但他们的研究大多是对诺贝尔最初发现的微小改进。虽然不能说这些竞争性产品全是对诺贝尔产品的模仿，但的确大部分都属于这种情况。在许多国家，诺贝尔必须特别留意可能侵犯其知识产权的产品。果然，在诺贝尔发明达纳炸药的几年内，很多几乎相同的产品大量涌现。这些产品大多只在稳定剂的选择上与达纳炸药存在微弱差异，而且其他稳定剂的效果相对于矽藻土并无优势可言。这些产品往往会使用一些听上去比较耸人听闻的名字，比如破石（Rend Rock）、活力（Vigorite）、阿特拉斯、赫拉克勒斯、悬崖（Cliffite）、撕裂者（Rippite）、撒克逊（Saxonite）和碎石机（Lithofracteur）等。

1865 年，第一次来到美国为自己的硝酸甘油产品开辟市场的诺贝尔发现，美国人正处在内战后经济繁荣带来的狂热和乐观情绪中。以杜邦公司为代表的火药利益集团利用舆论和政治影响力极力抵制诺贝尔。历史学家赫尔塔·E. 保利写道："在旧世界，诺贝尔的烈性炸药是一个关于发明、融资、权力政治和战争的故事；而在新世界，从一开始这就成为一个关于专利、诈骗、诉讼和意外事件的故事。"诺贝尔在美国遇到不少无赖式人物，其中比较有代表性的是塔里亚菲罗·普雷斯顿·沙夫纳（Taliaferro Preston Shaffner）。这位来自美国南部的传奇人物长期在世界各地寻找商业机会。他与政界的关系紧密，曾担任多个欧洲国家政府的爆炸物和鱼雷技术顾问，尽管他并没有相关的能力和经验。沙夫纳很早就敏锐地意识到烈性炸药在战后的美国有很大的应用空间。1863 年，诺贝尔在海伦堡的实验室发生爆炸，他的弟弟也因此丧命。正当诺贝尔焦头烂额时，沙夫纳联系到他，希望以 1 万"西班牙银圆"的价格购买其在美国的专利权。诺贝尔觉得其中有猫腻，拒绝了他的请求。但沙夫纳不仅阴险，还毅力过人。他尝试贿赂美国驻瑞典公使詹姆斯·H. 坎贝尔（James H. Campbell），让后者通过外交途径向诺贝尔施压，从而获得诺贝尔引爆硝酸甘油的秘密配方，但仍以失败告终。回到美国后，他以鱼雷和水雷专家的身份为军方工作，静静等待时机的到来。在此期间，他获得美军荣誉上校的头衔，并对外宣称他是在美国生产硝酸甘油的第一人，但这显然是他能力范围以外的事情。

尽管如此，1865 年，沙夫纳还是等到了他梦寐以求的机会。他得到消息，诺贝尔正在美国申请硝酸甘油专利，并且很快就能获批。诺贝尔最初提交的申请材料杂乱无章，诺贝尔在费城的律师将其从瑞典语翻译过来并重新组织成正确的格式，但效果不佳。沙夫纳在研究这份申请材料后，发现其中部分内容语言模糊，存在明显的漏洞，因此他立马以个人名义提交了几个类似的专利申请，然后倒打一耙，声称自己的专利在先，告诺贝尔侵权。1865 年底到

1866 年初，诺贝尔整个冬天都在应付这场官司，经过长达数月的证据评估和证人访谈，沙夫纳的诉讼最终被驳回。但这一审判结果并没有让沙夫纳感到沮丧，事后他居然恬不知耻地来到纽约拜访诺贝尔，毛遂自荐，希望成为他的顾问。

再次被诺贝尔拒绝后，沙夫纳开始使用自己最擅长的虚张声势和玩弄政治手腕的伎俩。多位诺贝尔传记作家都认为，正是在沙夫纳的政治运作下，1866 年 5 月 9 日密歇根州的参议员撒迦利亚·钱德勒（Zachariah Chandler）提交了一份法案草案，并得以通过。根据该法案，生产商需对其在制造或运输硝酸甘油产品过程中造成的直接和间接死亡负责，该罪行属于"一级谋杀罪"，可处以"绞刑"。这一法案迫使诺贝尔和他的同事们放弃了在美国的市场推广活动。法案出台后才一周多时间，即 5 月 17 日，诺贝尔就以 1 美元的"高价"将美军使用硝酸甘油炸药的专利权卖给沙夫纳。然而，就在第二天，这项法案就出台了修正案，将生产商在死亡事件中的罪行降为过失杀人，只判"十年以上有期徒刑"。6 月 2 日，诺贝尔将所有技术专利转让给一家叫"美国爆炸油"的公司，诺贝尔持有该公司四分之一的股份，并获得 1 万美元的预付款，沙夫纳是该公司的董事会成员。紧接着沙夫纳申请了运输硝酸甘油方法的专利。这项专利并没有什么技术含量，无非采用双层罐运输，将硝酸甘油装载在里层的罐内，提高运输的安全性。根据新的硝酸甘油法案，双层罐运输成为美国硝酸甘油唯一合法的运输方式。后来，沙夫纳把运输执照的授予权卖给美国爆炸油公司。最终，这家公司并没有实际生产多少硝酸甘油，但通过颁发运输执照，沙夫纳赚取了大量收益。公司最后破产，几十名愤怒的股东血本无归。这时，沙

124

夫纳再次将诺贝尔告上法庭，要求他偿还最初从公司拿到的 1 万美元，但最终败诉。

在美国，诺贝尔遇到了不少类似于沙夫纳的人。达纳炸药被发明出来后，美国许多小公司都置诺贝尔专利于不顾，开始生产各种类似产品，在推广和销售时采用其他的产品名称。由于铁路工程项目数量庞大，加上采矿业蓬勃发展，加利福尼亚州对爆炸物的需求非常大。于是，诺贝尔将专利卖给了该州的巨人火药公司（Giant Powder Company），由该公司生产的达纳炸药以"巨人一号"的产品名称进行销售。但很快，加利福尼亚州很多小公司都开始模仿这一配方，生产几乎相同的产品，有的公司还对产品进行了有效的改进。其中一家改进产品的公司为巨人火药公司当时最主要的竞争对手——加利福尼亚火药公司（California Powder Works）。为了避免陷入达纳炸药的专利纠纷，这家公司聘用了一位名叫吉米·豪登（Jimmie Howden）的年轻人。他在达纳炸药发明之前就在中央太平洋铁路隧道入口处设计出一种移动式硝酸甘油生产车间。豪登称自己研发的炸药为赫拉克勒斯炸药。在该产品的广告宣传画中，一位肌肉发达的英雄横跨在被打倒的巨人尸体上，上方还写着"我们可以打败一切"的口号。几乎和诺贝尔在同一时期发明的胶质炸药一样，这种炸药也是通过将硝酸甘油与其他爆炸物质混合制作而成。杜邦公司后来收购了巨人火药公司。有意思的是，完成收购后，杜邦公司立马停止了对达纳炸药的抵制，不再声称其对公众安全构成严重威胁。

诺贝尔对内战后美国近乎疯狂的商业氛围非常反感，无法忍受美国人频繁制造的法律纠纷、缺少原则的交易方式和无处不在的政治操纵。于是，他卖掉了自己在美国公司的所有股权，永远离开了这个国家。诺贝尔曾说："总体上看，我认为在美国的生活一点儿也不舒坦。美国人对金钱的追求已经到了迂腐的程度，以至于人际交往变得索然无味，人们都在想象自己能得到什么，全然不顾尊严。"在美国，他的发明缺少知识产权保护，当地政府的干预行为威胁到他公司的生存，彻底打破了他对公平竞争的理解。然而，并非只在美国出现了这种情况。

在德国，诺贝尔在专利申请上也遇到重重困难。由于德国在行政区划上分为很多个州，政府权力结构分散，诺贝尔不得不与几十个模仿其产品的小规模企业分享德国市场，但几年后，他凭借过人的毅力和强势的商业策略使这些企业一一破产，然后在1886年将这些公司组成一个非竞争性的卡特尔①，直到1914年第一次世界大战爆发。在法国，如前文提到的，火药垄断组织成功说服政府禁止在国内生产和销售达纳炸药。在英国，诺贝尔也遇到许多麻烦。1867年比利时发生硝酸甘油爆炸事件后，英国政府实施禁令，禁止"在英国境内制造、进口、销售和运输"硝酸甘油和任何含有硝酸甘油的材料。一年后，诺贝尔尝试让英国进口达纳炸药，但他最初无法获得合法手续。这当然与英国尝试保护公众安全有关，但同时也受到英国政府内部一位名叫弗雷德里克·阿贝耳（Frederick Abel）的化学家的影响。阿贝耳一直主张推广一种被称为火棉的爆炸物。这种爆炸物与硝酸甘油非常相似，但威力更小。火棉本质上

126

---

① 卡特尔（cartel）是一种由一系列生产类似产品的企业组成的垄断联盟，但联盟内各个企业的运作仍旧独立，这些情况造成了卡特尔不稳定的本质。——编者注

是一种硝化纤维，或者说是含氮量更高的火棉胶，即诺贝尔 1875
年制作胶质炸药的主要原料之一。多年来，英国对火棉的使用比其
他国家更普遍，这一方面是因为火棉在英国的使用历史比较悠久，
另一方面是因为让火棉的化学性质变得稳定和相对安全的人正是一
名来自英国政府内部的化学家。

德国化学家克里斯提安·弗里德里希·尚班早在 19 世纪 40 年
代中期就发现了火棉。尚班身材矮胖，风趣幽默，为人和善，是一
名染工和邮递员的长子。虽然他的家庭背景比较一般，但凭借个人
的努力于 1829 年成为巴塞尔大学的教授，并在这一岗位上一直工
作到他 1868 年去世。通过自学，尚班精通化学、物理、数学和多
种语言。他在大学的主要研究领域是氧气。据说，尚班发现火棉的
方式非常意外。一天，妻子出门后，尚班在厨房的火炉上加热装
有硝酸和硫酸混合物的烧杯，突然烧杯受热后炸裂，溶液就洒到了
地上。尚班连忙用厨房抹布清理地面，然后将抹布放在壁炉上烘
干。但他惊奇地发现抹布开始冒烟，并突然爆炸。火棉就这样被人
类发现了。这种物质的质地和稠度类似于略带脆性的粗糙棉絮，威
力介于火药与达纳炸药之间。当然，这仅仅是一个故事，他也很可
能是在实验室研究氧气时意外发现了火棉。

不管是他如何发现火棉的爆炸属性，尚班立马意识到这种爆炸
物存在巨大的商业和军事价值。完成一系列试验后他立马得出结
论：这种"神奇"的新型爆炸物"在各个方面都优于质量最好的火
药"。他致信英国的几位同事商讨申请专利和市场推广的事宜，还
声称："生产这种物质没有任何危险，也不需要多么昂贵的设备。
鉴于其化学性质，这种爆炸棉一定能迅速在军事领域发挥重要作

用，尤其是在战舰上。"1846 年，索布雷洛在意大利发现硝酸甘油。同年 8 月，盲目乐观的尚班登上横跨英吉利海峡的汽轮来到英国，在维多利亚女王的见证下在伍利奇（Woolwich）进行了一场成功的演示，然后又应约翰泰勒父子大型矿业公司的邀请，一路向南来到康沃尔（Cornwall）。在这里，他再次用成功的演示征服了之前心存疑虑的矿工们。同年，约翰泰勒公司购买了尚班发明的火棉在英国的专利使用权。

　　号称威力是火药六倍的火棉迅速投入生产。但人们很快以另一种方式见识到火棉的威力。泰勒又与约翰霍尔父子火药公司签订协议，将后者在肯特郡法弗舍姆（Faversham）附近的厂房进行了设备升级，将其改造为全世界第一个火棉工厂，拥有三年的独家生产

1847年7月法弗舍姆火棉工厂爆炸后的残骸。（图片来自《伦敦新闻画报》）

权。根据合同，尚班将从中获得专利使用费。然而，1847 年 7 月 14 日，整个工厂在一场巨大的爆炸中被夷为平地，爆炸产生的冲击力导致 1 英里外法弗舍姆都出现强烈震感，许多房屋的玻璃都被震碎。"18 人在这场爆炸中死亡，其中只有 10 人的身份能被识别，其他人都被炸成了灰烬，混杂在四处散落的材料当中。还有一个人吸入了爆炸产生的大量酸性气体，且没有遵循医嘱进行治疗，于当晚不幸身亡。14 名幸存者也不同程度受伤，有的手臂或腿被炸断，有的身体严重擦伤，还有的被酸性物质灼伤，其中一人因伤势过重死亡，还有一两个人很可能没有康复的希望。"这场爆炸最终造成 21 名工人死亡和几十人受伤。公司马上写信告知了尚班这一情况，要求他承担部分责任。毕竟，他承诺过生产流程绝对安全，不会产生过高的支出。

这个消息让尚班惊恐万分，但他猜测问题出在干燥过程中的人为错误，仍然坚信生产火棉是安全且有利可图的。于是他来到欧洲大陆寻找商业机会，与法国和奥地利的几家厂商达成协议，投入生产，取得了可喜的成果，但随后，他在万塞讷（Vincennes）、勒布谢（Le Bouchet）和维也纳的工厂接连在爆炸事件中被毁，尚班用火棉代替火药的尝试也因此以失败告终。在此后的十多年里，大多数人都将火棉遗忘。由于其危险性，没有任何公司愿意生产这种产品。但 19 世纪 60 年代中期，萨塞克斯（Sussex）郡的大东方化学工厂在引入了一种清除棉花中杂质的新型工艺后，重新开始生产火棉，在康沃尔矿山得以运用。当时人们将像卷绳一样的火棉储存在水中，在使用时放入钻孔，并在上面覆盖上火药。这种方法在小范围取得了一定成功。但整体上看，火棉的应用范围仍然十分有限，直到 1865 年弗雷德里克·阿贝耳申请了采用新方法生产更具安全性火棉产品的专利。

和同时代的诺贝尔一样，阿贝耳也是一个非常内向的单身汉。1864 年，37 岁的阿贝耳放弃了皇家军事学院化学教授的职位，成为一名隶属于英国陆军部皇家军工厂的化学家，主要负责英国军队枪炮和爆炸物的研发与改进工作。他大半生都贡献给英国陆军部，最后被授予爵士头衔。阿贝耳的父亲是音乐家，他的祖父是宫廷画家。阿贝耳本人也表现出极强的音乐天赋，但考上当时刚成立的著名的英国皇家化学学院后，他转向化学的学习和研究，踏上了一条出人意料的职业道路。1865 年，他想到将当时人们提出的改进火棉安全性的两种方法综合起来进行运用：先将棉花像制作纸一样捣成浆状物，然后清洗其中的杂质。因为和硝酸甘油一样，火棉的突然爆炸一般也是由其中的杂质因时间推移变质而引起的。在阿贝耳改进了这一制作工艺后，火棉的稳定性变得非常高，可以安全地用木工工具对其进行敲击、钻孔和锯切等操作，从而加工成方便用于炮弹、地雷和鱼雷的形状。阿贝耳还将火棉与硝酸钡混合，研制出一种成本更低、威力更小的被称为"托尼特"（Tonite）的火棉炸药，这种产品一度在美国部分地区和英国得以应用，成为达纳炸药的有力竞争产品。阿贝耳在英国政府享有很高的地位，所以火棉在英国运输时所采取的防范措施与火药相同，拥有达纳炸药无法享受的待遇。然而，由于达纳炸药的存在，火棉炸药的影响力主要局限在英国境内，在全球的市场份额难有起色。

虽然达纳炸药优于火棉炸药，但长期以来达纳炸药无法在英国生产。阿贝耳利用个人影响力禁止达纳炸药进入英国市场，确保火

129

棉成为英国最主要的工业爆炸物。当英国议会起草《硝酸甘油法案》前向专家咨询意见时，阿贝耳也被选为官方顾问之一。为了维护个人利益，他轻而易举地让议会相信，尽管火棉的爆炸力比不上达纳炸药，但它拥有更高的安全性。于是，英国议会在 1869 年出台了对达纳炸药的禁令，"禁止生产、进口、销售和运输硝酸甘油以及任何含有硝酸甘油的物质"。客观地说，在安全性上，火棉与硝酸甘油的差异并不大，都具有挥发性，所以这个规定主要是出于对英国火棉利益集团的保护。诺贝尔在 1870 年写给英国政府的信中指出，人们在欧洲和美国已经安全地生产了 560 吨达纳炸药，相当于 2800 吨火药，这对于爆炸物生产行业来说是一个了不起的成就。他还写道："英国著名的火棉倡导者和下议院炸药事务的主要顾问显然夸大了这种物质的危险程度。如果达纳炸药真如他在报告中所描述的那样危险，那么如此多炸药的安全生产记录就只能用运气来解释了。简单查一查数据就会发现，枪支走火造成的死亡人数远多于生产事故造成的死亡人数，况且硝酸甘油能有效推动采矿业的发展，为我们带来难以估量的财富。"但即便如此，诺贝尔花了好几年才克服了英国设置的种种法律障碍。直到 1871 年，在工业部门的施压下，英国才最终决定在国内发放制造达纳炸药的特殊牌照。但由于阿贝耳长期公开强调达纳炸药的危险性，当生产禁令解除后，诺贝尔在伦敦很难找到投资者。大英帝国的第一家炸药厂最终是由一名苏格兰金融家投资建成的。

1871 年，英国炸药公司成立，其总部设在格拉斯哥，制造厂则建在位于偏远的苏格兰西海岸的阿尔德（Ardeer）。诺贝尔在描述这一地区时写道："大家可以想象一下这般景象：这里长期以来是荒凉的沙丘，连栋房子都看不到。大概只有野兔能在这里找到一点儿食物……风永远吹个不停，有时咆哮的风会将沙子灌入耳朵。房间里也一样，沙尘像毛毛雨一样落下来……不远处就是大海，在我们与美国之间，除了波涛汹涌、带着泡沫的大浪，剩下什么都没有。"在格拉斯哥的股东大会成立仪式上，诺贝尔乐观且自信地说道："我为你们带来了一家不管董事们管理能力有多差都一定会取得成功的公司。"听到这些话，在场的人只是礼节性地鼓了鼓掌。

由于英国国内的负面报道，尤其是来自阿贝耳的公开批评，英国铁路系统拒绝运输达纳炸药。因此，英国炸药公司不得不自己建立由汽轮和货船组成的船队，一方面将德国的矽藻土和甘油以及智利的硝石等原材料运送到英国，另一方面将英国生产的炸药运送到世界各地的市场进行销售。1875 年，英国出台《爆炸物法案》替代了之前的《硝酸甘油法案》，但政府当局仍然对达纳炸药的运输设置了许多特殊的安全规定，比如硝酸甘油产品在卸货时必须放置在遮阳棚下的巨大地毯上，以及在马蹄上包裹法兰绒，这些规定大概是为了防止现场产生火花。虽然存在各种奇怪的规定，诺贝尔对英国炸药公司董事会也一反常态保持着十分傲慢的态度，但英国炸药公司（后来更名为诺贝尔爆炸物公司）发展得非常好，后来成为全球最大的爆炸物公司，为整个大英帝国提供了大量达纳炸药和胶质炸药。

132

不同于英国政府的抵制行为，在澳大利亚，达纳炸药迅速被政府和市场接受。澳大利亚内陆迅速发展的采矿业对爆炸物的需求量极大。尽管澳大利亚的人口当时只有 200 万人左右，但对澳大利亚的炸药出口从占英国市场的 14％上升到 1878 年的 50％。1883 年，澳大利亚的炸药使用量超过整个大英帝国的一半，其使用的大部分达纳炸药和胶质炸药都从阿尔德的大型爆炸物工厂进口。最早在澳大利亚本土生产炸药的人是德国科学家弗里德里希·克雷布斯（Friedrich Krebs）。他在 19 世纪 70 年代就用"碎石机炸药"的产品名在英国销售达纳炸药。由于存在专利侵权，英国炸药公司将其告上法庭。经过长达数年的官司，克雷布斯被迫终止了自己在英国的业务，将目光投向了澳大利亚。这是一个理想的选择：澳大利亚的采矿业正蓬勃发展，而且由于其地理位置偏远，大多数炸药公司都没有在那里设厂，不会像在相对饱和的欧洲市场那样随时可能被起诉。于是，克雷布斯在澳大利亚成立了澳大利亚碎石机炸药公司，并在墨尔本鹿园附近科罗伊特河沿岸修建了工厂，偷偷进行生产，直接与英国炸药公司展开竞争，直到 1898 年被收购。

* * *

化学家兼历史学家 G. I. 布朗在《大爆炸》中写道："就像以缓慢的节奏唱歌和跳舞难度更大一样，制作高质量推进剂的难度也总是大于制作高质量烈性炸药。"随着硝酸甘油和火棉在商业上得到广泛推广，炸药逐渐取代火药成为主要的军事和工业爆炸物，但在枪炮推进剂上，火药仍然是唯一的选择，直到 19 世纪 80 年代这一情况才发生改变。火药难以运输和储存，很容易受潮，还会产生有毒气体。这些都是火药存在的巨大缺陷，尤其是对军队而言。研发出能够替代火药的更高效的推进剂，能大幅度减小枪炮的口径，让武器变得更为轻便，便于运输和携带。此外，弹药的重量也会变轻，单兵因此能够携带更多弹药。总之，人们迫切需要一种无烟、威力大且易于储存和运输的火药替代品用作推进剂。

对枪炮而言，硝酸甘油、火棉和胶质炸药的燃烧速度都过快，且不够均匀。布朗写道："理想的推进剂必须以较快、有规律和可控的方式燃烧，从而对枪管中的抛体产生稳定的冲击力。它不可在枪管内引爆抛体，否则会磨损枪支，或直接将枪体炸毁；它燃烧时最好无烟无光，且不会产生残留物；当抛体离开枪口时，它应当完全燃烧；它必须具有易燃性，同时又便于储存和运输；潮湿环境和气温变化不会对其化学成分产生太大的影响；它产生的气体不可具有腐蚀性。每一点都是非常高的要求。"在整个 19 世纪下半叶，科学家和发明家都在苦苦寻找这种强大的无烟推进剂，但大多数尝试都以失败告终。终于，在 19 世纪 80 年代，有几个人在这方面取得了突破性进展。

第一个在市场上推出无烟火药的是一位名叫保罗·M. 维埃勒（Paul M. Vielle）的法国化学教授。1886 年，他宣布自己成功研发出"白粉火药"（也称为无烟火药 B，B 为法语中白色一词 blanche 的首字母，黑火药则被称为火药 N，为法语中黑色一词 noire 的首字母）。这种产品是不可溶的火棉和可溶的火棉胶两种硝化纤维的混合物，其中还添加有乙醚和乙醇。白粉火药几乎可以实现无烟燃烧，威力是普通火药的两倍。部分由于维埃勒与政界的关系，法国军队很快采用了这种推进剂。仅仅几个月后，诺贝尔也宣布自己成功研发出一种无烟火药。他给这一产品命名为"巴力斯太"（ballistite），或诺贝尔爆炸粉。人们一般称之为无烟火药。

和诺贝尔其他发明一样，人们对诺贝尔发现这一物质的具体方法和过程知之甚少。根据他自己的记录，早在 1879 年他就开始尝

134

试制作强大的无烟火药。在尝试了数百种物质按不同比例进行混合后，终于找到在他看来爆炸力强、化学性能稳定且易于生产的完美配方。诺贝尔从不记录自己的实验过程，所以我们无法得知他当时是如何思考的，更不知道他对哪些物质进行了实验以及他所使用的催化剂和温度。唯一可以确定的是，他一定在空气污浊的实验室中工作了很长时间，用烧杯在本生灯上加热过各种危险的易挥发的酸性物质，将不同的加热溶液进行混合，并在其中添加其他物质。所有新的实验成果都需要拿到城市郊区的爆破场进行试验，以检验其爆炸力。爆炸试验结束后，他又得回到实验室，与助手们一起用几个月的时间研究生产这种物质最安全、可靠和省时的生产流程。

诺贝尔和同时代其他发明家之所以会对自己的爆炸物研究高度保密，是因为这些研究在市场上有着巨大的应用空间和惊人的商业价值，他们必须时刻警惕自己的研究成果被竞争对手剽窃。不同于那些旨在促进人类知识进步的纯科学研究，爆炸物的相关研究长期以来都强调保密性，以防竞争对手复制自己的发现或在此基础上进行改进。毕竟，诺贝尔等人所研究的不是抽象或理论化的科学问题，而是价值连城的工业机密。衡量成功与否的最终标准是能否为自己的产品申请到专利。

诺贝尔的无烟火药配方是等量的硝酸甘油与可溶性硝化纤维，并加入了一定量的樟脑。诺贝尔在1887年的专利申请材料中写道："通常，赛璐珞①中的硝化棉成分占其三分之二的重量，但是由于赛璐珞中包含樟脑这种稠度较高的物质，即使被磨成细小颗粒，赛

---

① 一种合成塑料，曾用于制作老式电影胶片。——编者注

璐珞的燃烧速度仍不够快，不适合用作抛体的推进剂。但通过用硝酸甘油部分或完全替代其中的樟脑，我们可以制作出一种稠度适中的赛璐珞。当这种物质被磨成细小颗粒，装载到枪炮中，其燃烧速度非常理想。"诺贝尔还指出："这种推进剂的威力很大，不会产生沉淀物，而且不会产生烟，或者说几乎无烟。"类似于维埃的白粉火药，诺贝尔的无烟火药也具有面团一样的韧性，可以塑造成不同的形状和大小，以控制燃烧的速度，并通过调节颗粒的大小使其既能用于短管手枪，也能适用于大口径火炮。无烟火药的燃烧速度非常快，能够被完全燃烧，所产生的烟雾肉眼几乎不可见。使用这种推进剂的枪，射程是传统火药的两倍多。可以说，无烟火药是当时技术最先进和最实用的推进剂。

无烟火药在化学领域的确是一个革命性的发现。在烈性炸药领域，不会腐蚀枪管和炮管内壁的无烟火药代表着人类半个世纪以来持续创新的巅峰，彻底结束了火药在人类爆炸物历史上长期占据的统治性地位。这一重大科技进步将对军事战术产生深远的影响。人们在使用枪炮的过程中不再担心暴露自己的位置。爆炸物在引爆后也不会产生大量的有毒烟雾。鉴于这些特点，人们必然会竞相争夺这一革命性发现。然而，尽管无烟火药是诺贝尔最伟大的技术进步，他也一直以此为豪，但这项发明后来给他带来的却是失望和悲伤。

诺贝尔踌躇满志地向法国火药与硝石管理局推介自己的新产品，却受到冷遇。原来，无烟火药的性能虽然更好，但维埃利用自己的政治关系和影响力，很快成功确保法国军队只能使用他研发的白粉火药作为推进剂。诺贝尔为自己的发明仅比维埃晚几个月研发

136

成功而愤慨不已，并认为维埃的白粉火药能被法国采纳仅仅是凭借政治操纵。他还言辞尖锐甚至有些不讲道理地写道："对于所有政府来说，性能更差、公关做得更好的火药显然比缺少影响力但性能更好的火药要好。"客观地说，诺贝尔这一观点有些情绪化。被法国拒绝后，他开始寻找其他市场。1889 年，他在意大利一家工厂为意大利军队生产了 300 吨无烟火药。第二年，他将无烟火药的专利使用权卖给意大利政府。虽然最初是法国政府拒绝了诺贝尔的请求，但法国政府认为诺贝尔是长期居住在法国的外国人，这一行为属于外国居民的叛国行为，因为意大利当时被认为是法国的潜在敌对国。当时诺贝尔已在法国生活了 17 年之久，但法国媒体突然对诺贝尔发起了猛烈攻势，把很多"莫须有"的罪名强扣在他头上，指控他从法国火药与硝石管理局偷取了无烟火药的配方，犯下了叛国间谍罪。诺贝尔因此受到许多人的谩骂和诽谤，甚至面临入狱的风险。他的实验室被粗暴地搜查，被迫关闭，各种爆炸物实验材料被查封，爆炸试验场的许可证也被吊销，连大门都被政府锁了起来，无法继续使用。他被禁止在法国生产无烟火药。与此同时，诺贝尔还卷入其在法国的生意伙伴保罗·巴贝的一起财务丑闻中。在这段对诺贝尔而言异常艰难的时期，来自法国政府的骚扰并非他唯一的压力来源。1888 年他的哥哥卢德维格的去世，以及他与相爱近 15 年的情人苏菲·赫斯（Sofie Hess）的分手，都让诺贝尔感到非常痛苦和失落。

更让这位上了年纪的瑞典人感到痛心的是，随着公众对他不满情绪的上升，以及对他间谍罪和知识产权盗用的指控，他不得不离开这座城市。他匆忙打包巴黎豪宅中的生活必需品以及没被查封的实验设备和材料，来到意大利西部的地中海海边小城圣雷莫（San Remo）。这次搬家让他非常难过，他在给自己侄子的信中写道："这一切纯粹是欺诈行为，但他们威胁要让我坐牢，而我本来消化系统就不好，牢狱生活会让病情进一步恶化，所以我无力抵制针对我的禁令……我本在处理一些非常重要和有趣的问题，现在，这些问题只能暂时搁置起来。把实验室搬到国外并不容易，这不仅仅是费用上的问题。"这段时间，诺贝尔难以专心工作，承受了不小的经济损失，开始对人生感到非常失望。他有一种强烈的被他人背叛和冤枉的感觉，认为自己的伟大科学发现没有得到他人的认可，这成为他一生的遗憾，长期难以释怀。

当然，意大利并非唯一一个对无烟火药感兴趣的国家。由于法国一直没有向外界透露白粉火药的秘密配方，诺贝尔愿意将自己发明的无烟火药配方卖给任何买家。1888 年，英国政府任命了一个特别委员，负责深入了解和对比维埃与诺贝尔的发明。如果无烟火药真的被发明出来，性能如诺贝尔所宣传的那样好，英国必须采购这种产品，以保持其军事竞争力。该委员会的工作任务范围很广："调查新的发明，特别是对军用爆炸物有影响的发明，并向陆军部提交关于引入这些领域先进技术的报告。"诺贝尔 20 年前的老对手弗雷德里克·阿贝耳也是这个委员会中的成员。他们虽然在达纳炸药的问题上有过激烈交锋，但两人在技术问题上保持着广泛交流，经常通信，有时还在巴黎或伦敦见面。同在委员会中的还有著名的苏格兰物理学家詹姆斯·杜瓦（James Dewar），他是阿贝耳亲密的同事，与诺贝尔也经常讨论技术上的问题。当他们提出希望得到关于无烟火药生产的详细信息以及无烟火药样品时，诺贝尔欣然同意。1890 年，苏格兰的诺贝尔爆炸物公司很快获得了生产无烟火药的专利使用权，并将生产出来的这种具有革命性的产品交给英国陆军部审核，但在这个关键的时间点，公司突然收到通知，英国陆军部已经采购了阿贝耳和杜瓦的无烟火药专利使用权，这种无烟火药的全名为"巴力斯太的委员会改进版"，也称为"柯代"（cordite，人们常称之为线状无烟火药）。原来，这两位精明的化学家在研究诺贝尔无烟火药的相关资料后，发现了原配方中存在的问题，进行了一些改进，然后在诺贝尔和他的同事们不知情的情况下在英国申请了专利。

柯代火药与巴力斯太火药之间的差异非常小。柯代火药的硝酸甘油比例更高，因此更容易被引爆；柯代火药将巴力斯太火药中的樟脑替换为凡士林，后者是更好的润滑剂和稳定剂；此外，柯代火药还用火棉（不可溶硝化纤维）替代了巴力斯太火药中的火棉胶（可溶性硝化纤维）。埃里克·伯根格伦写道："面对这两位目标明确、傲慢自负且身居高位的对手，试图和平解决这一争端的努力，不过是徒劳。"诺贝尔和阿贝耳这两个自信和固执的人都认为自己是正义的一方。诺贝尔爆炸物公司立即提起专利侵权的诉讼。这场官司拖了很长时间，1892 年由高等法院商事庭受理，后来移交上诉法院，1895 年又在上议院进行讨论。最终，诺贝尔由于自己专利申请材料中的技术问题而败诉，结束了这场漫长而昂贵的官司。诺贝尔爆炸物公司被迫承担所有的诉讼费用。这对诺贝尔而言是一场惨痛的失败，但上诉法院大法官爱德华·凯（Edward Kay）公正的评论算是对诺贝尔的安慰，他说："显然，如果矮子被允许爬到巨人的肩膀上，可以比巨人看得更远……在这个案件中，不得不说，我非常同情原专利持有者。诺贝尔先生做出了一个伟大的发明，是一个在理论上具有开创性意义的创新，但两个聪明的化学家得到并仔细研读了他的专利说明书，并基于自己丰富的化学知识，发现可以替换原配方中某种物质，或改变其他配方的比例，以产生相同的结果。"从道德角度看，阿贝耳和杜瓦的行为也许不那么完美，但他们在技术和法律上无懈可击。他们的灵感全部来自诺贝尔在专利材料中毫无保留提交的信息，然而，柯代火药与巴力斯太火药之间的差异，足以确保前者可以获得独立的专利。败诉后，诺贝尔在给商业合伙人的信中写道："正义女神像个有腿疾的残疾人，行动极为迟缓。但万万没想到，现在她的头部也遭到重击，神志不清，精神病医院都没法治好她了……我不太在乎这个案件对我造成的经济损失，但无法对其中的肮脏行径释怀。"

英国化学家弗雷德里克·阿贝耳。他凭借一己之力将诺贝尔发明的达纳炸药挡在英国国门之外长达十年之久，在19世纪90年代还与诺贝尔就无烟火药的专利打了一场漫长的官司。

　　诺贝尔就是这样一个天性敏感而纯真的人，难以接受他人的欺骗和不正当的交易行为。虽然他已非常富有——由他的发明带来的19世纪末爆炸物需求的迅猛增长让他积累下可以让好几代人过上奢侈生活的财富，但每当他觉得被欺骗，就会认为这是对自己的人身攻击，从而陷入长时间的沮丧状态，这对他的身体造成了巨大伤害。

　　诺贝尔始终走在研发的最前沿，而且凭借庞大的商业帝国，他能够迅速并高效地将经他发明和改进的新产品带到市场。但即便如此，他并不能每次都先人一步，其他人也有自己合法的发明，哪怕与诺贝尔的产品非常相似。当时对爆炸物的研发是最受关注的科研领域，面对巨大的潜在利润，新发现和新技术不断涌现，没有任何个人、公司或国家能够垄断这个领域。对国家安全的考虑、对个人荣誉的追求和对金钱的贪婪，以及各种相互博弈的利益集团，都成为人们研究和发现新爆炸物的驱动力。一旦某个成熟的思想被提出来，比如引爆装置的基本原理，化学家们就会在此基础上对各种已知的爆炸物进行试验，不断对他们进行各种细微的改进，尝试在新的场景中进行应用。虽然诺贝尔经常像一个失败者一样抱怨自己在法国和英国被政治势力打败，但综合考虑当时的历史环境，诺贝尔并没有受到太多不公平的待遇。最终，柯代火药占有大英帝国、日本和几个南美国家的市场份额，白粉火药则受到法国、俄国和美国的青睐，诺贝尔的巴力斯太火药主要销售到意大利、德国、奥匈帝国、瑞典和挪威。后来，诺贝尔爆炸物公司同时生产柯代火药和巴力斯太火药这两种产品（当然，由于诉讼案，在后来十年的时间里，诺贝尔的公司都无法获得英国政府的订单）。诺贝尔爆炸物公司同意将柯代火药一半的专利使用费支付给诺贝尔，因此他从中还

140

141

获得了一些收益。

19 世纪下半叶，诺贝尔等人研发出多种意义重大的爆炸物。这些产品和品牌中有的存在专利侵权，有的具有很强的独创性，数量多达数百种，人们很难给所有这些产品列出准确的清单。回顾这段历史，我们可以发现，人类用了将近 20 年的时间发现引爆硝酸甘油的可靠方法。随着达纳炸药的问世，大量模仿和改进达纳炸药的产品在短时间内应运而生。此后，人类又用了十年的时间研发出威力更大、可以在水下爆破的胶质炸药，以及阿特拉斯炸药和赫拉克勒斯炸药等大量模仿和改进胶质炸药的产品。接下来，人类又用了十年的时间创造出无烟火药用作枪炮的推进剂，彻底终结了有烟火药的时代。19 世纪末人类在土木工程和军队的军事活动中消耗了大量爆炸物，虽然难以得到具体数据，但在这个过程中一定消耗了大量用于制造爆炸物的古老原料，远超出了这些原料的传统供给能力。毕竟，不管是火药还是炸药的制造，都离不开硝石和硝酸，这些原材料随着炸药时代的到来而再次变得极度稀缺。

第七章

鸟粪贸易：智利硝石工人的灾难和硝石战争

秘鲁人大多衣着整齐，行为文明。秘鲁有许多金矿和银矿，还有大量铜矿和锡矿，以及用于制作火药的硝石和硫黄矿。

——洛佩兹·瓦兹（Lopez Vaz），

葡萄牙旅行家，1586 年

沿着南美洲以西的太平洋，从南极到赤道数千英里的海域，有一股常年自南向北流动的寒冷洋流。当这股寒流遇到赤道以南被太阳照热的温暖海水，深层海水的上涌会将海底动植物产生的大量有机物带到海面，成为海面浮游植物光合作用所需的养分，这些浮游植物是浮游动物和其他小型滤食性动物的营养来源，而这些动物又是鱼类的重要食物。包括鳀鱼和鲱鱼在内的大量鱼类在秘鲁洋流中生息繁衍，成为成千上万的白胸鸬鹚、褐鹈鹕和白头塘鹅等海鸟的美味佳肴。

几个世纪来，在缺少天敌的海岛和大陆沿岸地区，数不胜数的海鸟以鱼为食，筑巢繁衍，排泄了大量鸟粪。虽然每一只海鸟每天大约只能产生约 20 克鸟粪，但由于鸟类数量极多，随着时间的推移，岛屿上每一个洞穴和缝隙都被鸟粪填满，以至于海鸟们不得不在自己的排泄物上筑巢。当地人称这些鸟类排泄物为"瓦努"（huano，西班牙语为 guano，英语使用者则根据英语的发音习惯，将其发音为"瓜努"）。这个词后来成为英语中鸟粪肥料的意思。秘鲁鸟粪表层颜色难看，略微发黄，而且散发着一股恶臭味。底层则在上层鸟粪长年累月地挤压下变得坚硬且具有脆性。

最早注意到秘鲁周边海岛和大陆沿岸地区大量鸟粪的是德国探险家和博物学家亚历山大·冯·洪堡（Alexander von Humboldt）。19 世纪初，他在南美洲游历了将近五年时间。虽然他未能预言这

144

种物质未来能在军事和农业上发挥巨大作用，并成为秘鲁40年间的主要出口产品，一度让该国经济十分繁荣，但充满探索精神的洪堡对该地区形成大量鸟粪的原因进行了深入思考。在参观秘鲁附近一个岛屿时，当他发现鸟粪的厚度惊人，基于此他作出推断，尽管当地天空经常多云，但几个世纪以来都很少降雨。在测量了周边海水的温度后，他进一步推测，当地之所以气候干燥，是因为寒冷的海水导致水面以上空气温度下降，使得湿润空气无法上升形成降雨。由于他的著名推断，秘鲁寒流也被人们称为洪堡洋流。当海洋气流经过这些岛屿，其温度会上升，吸收更多的水分，但无法形成降雨，而是继续东移，在安第斯山脉才被抬升形成降雨。秘鲁一带的沿海地区和周边岛屿极度缺水，是地球上最干旱的地区之一。周边岛屿和大陆上南回归线附近的阿塔卡马沙漠是如此干旱，以至于生活在这里的不少人一辈子都没见过下雨，当地人建的有些房子甚至都没有屋顶。

　　由于缺少降水，鸟粪在这一地区日复一日、年复一年地堆积，难以随着水汽蒸发到空气中，也不会被雨水冲刷走。19世纪，秘鲁周边岛屿的鸟粪已经深达100到150英尺，使之成为一片狂风肆虐、土地贫瘠的无人区。R. E. 科克尔（R. E. Coker）在《国家地理杂志》（*National Geographic Magazine*）中写道："在晴朗、干燥的气候环境下，常年形成的鸟粪堆积物在阳光下烘烤，其中最有价值的成分得以长期保留下来。"由于无法被蒸发或冲刷，秘鲁这一地区的鸟粪中氮和磷的含量特别高。早在公元500年，生活在当

145

地的莫切人①就将其用作肥料。公元 1200 年印加帝国的克丘亚人（Quechua）延续了这一惯例，在当时广泛存在的土豆种植园中普遍使用。将岛屿上的鸟粪刮取并运送到南美大陆后，人们将其撒在被灌溉的农田中，以提高秘鲁沿岸荒凉和恶劣的自然环境中农作物的产量。鸟粪在印加帝国时期非常重要，以至于中央政府需要将钦查群岛的鸟粪分配给不同地区，以避免内部在争夺鸟粪时发生冲突。国家还制定了保护海鸟的法律，扰乱鸟类生活甚至会被判处死刑。古老的秘鲁谚语说道："鸟粪虽然不是圣人，但可以创造许多奇迹。"

由于秘鲁鸟粪的含氮量很高，因此它还有另一个重要用途：16 世纪中期，在西班牙统治下的秘鲁，人们开始利用鸟粪制作火药的原料——硝石。客观地说，鸟粪不是制作硝石的理想原料，因为提炼过程十分复杂，工作量大得惊人。相比之下，南美大陆的生硝矿更便于转化为制作火药的硝石和制作其他爆炸物的硝酸，这种矿产后来对鸟粪贸易构成巨大挑战。19 世纪 20 年代，新独立的秘鲁政府尝试出口鸟粪，第一批鸟粪于 30 年代运送到美国和英国。鸟粪恢复土壤肥力、提升作物产量的能力也很快被众人知晓，销售量因此迅速上升。50 年代，当人们发现其作用远远优于当时更易获得的粪肥、海藻肥等传统肥料之后，鸟粪在美国东部、英国和法国的需求与价格不断攀升。到 19 世纪中期，享誉世界的秘鲁鸟粪长期供不应求。

146

---

①　莫切人（Moche）生活在秘鲁西北部海岸莫切河一带，出现时间早于印加文明，莫切文化大约在公元 700 年消失。——译者注

秘鲁政府垄断并严格管控鸟粪贸易，只向少数几个拥有深厚政界关系的公司颁发出口许可证。尽管需要向政府支付高额费用，这些公司仍然能凭借市场旺盛的需求赚取高额利润。大量装载着秘鲁鸟粪的快速帆船组成船队（这一时期快速帆船的运力过剩，不得不加入鸟粪贸易，与速度更慢的货船竞争），从南美洲出发，绕过合恩角附近危险的海域，将这种物资运往世界各地，尤其是英国、法国、德国和美国。到19世纪50年代，尽管价格高于其他肥料，鸟粪的市场仍进一步扩展到西班牙、中国、澳大利亚甚至印度等有能力支付预付款的地区。在50年代，将近50万吨鸟粪被运送到美国，超过150万吨最终到达欧洲。1860年，进口鸟粪占美国商业肥料销售量的比例接近45%。

147　　随着需求的上升，鸟粪的价格持续上涨，远远超出了小农场主和农民的支付能力。19世纪50年代，鸟粪的价格吸引了美国政府的注意，当时英国的安东尼吉布斯父子贸易公司垄断了秘鲁鸟粪向美国的运输线路，美国尝试绕过这家公司与秘鲁直接达成贸易协议，但没有成功。美国人认为安东尼吉布斯公司是鸟粪价格居高不下的罪魁祸首，但实际上，秘鲁政府获得了其中将近65%的收益。在情绪和利益的作用下，1852年，一位名叫阿尔弗雷德·本森（Alfred Benson）的美国商人几乎说服美国海军为他的船队在洛沃斯岛装载鸟粪时提供保护。秘鲁声称这些被鸟粪覆盖的岛屿属于秘鲁，本森则认为这是国际水域。幸运的是，在国际社会的呼吁下，这一鲁莽的行动被及时叫停，人类的理性最终占据了上风。与此同时，世界各国纷纷开始在偏远的无主权领土寻找鸟粪来源。

　　1856年，美国政府通过了《鸟粪岛法》（The Guano Islands

Act），赋予具有冒险精神的美国商人"为了获得鸟粪占领（拥有鸟粪储量的）岛屿、礁石和沙洲"并以低于秘鲁政府垄断价格销售给美国公民的"专属权利"。法案中规定："任何美国公民在不属于其他政府合法管辖范围且未被其他政府公民占有的岛屿、礁石或沙洲上发现鸟粪沉积物，可通过和平手段占领上述区域，美国总统可酌情将这些区域纳入美国版图。"这一法案直到南北战争时才被林肯废除。在这 8 年时间中，美国公民在太平洋占领了 60 多个岛屿，在加勒比海也占领了 6 个岛屿。这就是为什么直到今天美国仍然拥有大量遍布在太平洋各处的岛屿和礁石，这些领土在 19 世纪被统称为美属波利尼西亚。当然，除了美国，其他国家也在太平洋上疯狂地寻找拥有鸟粪储量的无人岛，尤其是法国。

148

有意思的是，这片拥有大量鸟粪资源的地区，同时拥有另一种与鸟粪类似的物质，那就是分布在秘鲁、玻利维亚和智利交界处阿塔卡马沙漠的天然生硝矿。这对南美洲来说既是福祉，也是诅咒。这种物质的外形与鸟粪相似，实际上是一种包含大量硝酸盐的钙质层。早在 17 世纪，在利马以北的安第斯山脉东坡就形成了小规模的生硝加工产业，这种矿产中 50％的成分为盐和泥，这些无用的物质被分离出来后，剩下的物质在当地工厂中被加工成硝酸钾，用其制成的火药主要供当地银矿作坊使用。不同于一般的硝石，这种生硝的主要成分不是硝酸钾而是硝酸钠，尽管智利生硝当中也包含一定量的硝酸钾。硝酸钠无法直接用于生产火药，因为它具有吸水性，导致火药易受潮，难以引爆。此外，由于这一地区气候干燥，缺少森林，木材不易获得，难以通过烧柴将大量生硝加热转化为硝石。当地小型工厂主要依靠燃烧仙人掌产生的碱性溶液来将硝酸钠转化为硝酸钾，与欧洲和印度使用的生产工艺十分相似。历史学家 M. B. 唐纳德（M. B. Donald）在《科学年鉴》（*Annals of Science*）中刊文写道："印第安人采集当地的地表物质，将其磨成碎块，放置在牛皮制成的底部有木塞的倒锥形容器中浸泡 24 小时。液体被取出后煮沸 1 小时，然后静置 24 小时。这时，硝酸盐将以色泽不纯的晶体形式被分离出来。这些晶体将加入鸡蛋清再次加热，进行提纯，然后用纱布过滤，过滤后的液体将被储存在釉面陶器中。"当然，这一生产流程后来被改进并普及，但在 17 世纪和 18 世纪大部分时期，人们都采取这种传统的小规模生产方式。最初，由于生硝从沙漠地区运输到海边需要高昂的运费，生硝提炼硝石的成本比鸟粪高很多，没有优势。

18 世纪末，用生硝生产硝石成为一个蓬勃发展的行业。在拿破仑战争时期，由于火药极为紧缺，大量采用这种方法制作的硝石被运往西班牙。19 世纪 30 年代，越来越多的智利生硝被当作船只压舱物运往欧洲。1835 年，当"小猎犬"号货船停靠在伊基克（Iquique）附近的硝化工厂时，查尔斯·达尔文（Charles Darwin）记录道："目前，在船边出售的饱和硝酸钠的价格是每 100 磅 14 英镑，其中主要成本来自将生硝运输到海岸的过程中产生的运费。"达尔文的确发现了其中的问题，相比之下，鸟粪的竞争优势在于可以直接在海岛的海岸进行装货，因此运输成本更低。当然，19 世纪中期，随着鸟粪价格的上涨，将生硝运输到海边的效率也在不断提高，两种产品的成本在不断接近。

对鸟粪以及后来对生硝的巨大需求导致当地劳动力出现严重短缺。挖掘和加工鸟粪，并将之装载到快速帆船的船舱，是一项技术含量很低的劳动密集型工作。为农作物生长提供肥料，原本是为了满足人类最基本的食物需求，没有任何危害可言，但在这背后却牵涉大量剥削劳动力的残酷商业行为。经济历史学家吉米·斯卡格斯（Jimmy Skaggs）在研究鸟粪贸易的专著《鸟粪热潮：企业家与美国海外扩张》（*The Great Guano Rush：Entrepreneurs and American Overseas Expansion*）中提到秘鲁鸟粪的主要产地——秘鲁港口城市卡亚俄（Callao）以南 120 英里处的钦查群岛。他写道："那里的劳工处境尤为恶劣，远在皮斯科（Pisco）都可以闻到当地散发的恶臭味。热带地区湿热的空气，加上当地降水量稀少的特点，使得钦查群岛简直就是人间地狱。夜幕降临的季节性浓雾使鸟粪的外层形成油腻的糊状物，在白天又被烘成坚硬的外壳，要用镐子和铲子等坚硬的工具才能挖得动。"

钦查群岛上的工作环境很糟糕，工人们的食物十分简单，只有少量的玉米粥和大蕉。晚上他们挤在茅草屋里睡觉，每天的工作时间将近 20 小时，一周工作 6 天，只有这样才能完成繁重的采矿任务。一旦起风，人们就会被酸性灰尘呛得喘不过气来。即便如此，他们也不能停下手头的工作，需要不断用工具凿这种珍贵的物质，或将碎片装到手推车上，而且随时可能会被毫无怜悯心的监工惩罚。另一些工人则在小岛荒凉而崎岖的小道上推送这些手推车。他们的身体被铐在车把手上，因为他们的双手在干燥的气候下开裂流血，无法再进行操作重型工具等其他工作。他们将推车上的鸟粪倒入岛屿边缘悬崖上通往轮船货舱的帆布斜槽中，鸟粪在翻滚到船舱时会产生大量有毒尘雾。为了避免吸入这些有毒气体，水手们会在这时爬上桅杆。但这些不幸的契约工只能用手帕捂着脸，冲到货仓

150

中将鸟粪装进麻袋，每一刻钟换一次班。那些从船舱出来的工人都喘着粗气，有时还会咳出血来。在这种工作环境下，疾病自然是非常普遍，比如因为意外食入鸟粪而感染组织胞浆菌病或志贺氏菌病，以及长期暴露在氨气尘埃中导致的一系列奇怪的疾病，包括呼吸系统疾病、内出血和严重的胃肠道刺激。

刚刚上岛工作的人往往很难适应氨气的刺鼻味，粉尘会让他们的眼睛短期失明，眼圈持续几天都有强烈的灼热感。据去过鸟粪矿区的旅行者称，那里经常出现工人自杀事件。那些无法承受高强度劳动或情绪失控的工人，有的选择从悬崖上跳下去，有的直接跟着鸟粪一起从帆布斜槽滚入船舱，有的割断自己的喉管，还有的主动服用过量鸦片而死。当然，许多没有自杀的人，身体也因为监工残忍的鞭打而垮掉，甚至直接被打死。还有的人则在看管他们的恶犬的威胁下战战兢兢地活着。斯卡格斯写道："据说，当地公墓里埋有许多工人腐烂的尸体，一些埋得不够深的尸体经常会被野狗吃掉，因此当地到处散落有人骨。"

1854 年，美国旅行家和记者乔治·华盛顿·佩克（George Washington Peck）参观过钦查群岛后记录道，当地工人"简直就是挖鸟粪的奴隶，其劳动强度及其对身体的伤害远远超过铁路工人。他们毫无自由可言，得不到法律的保护，少得可怜的工钱最后也经常拿不到手，一年四季都在干活。大多数人几乎赤裸着身体，没有遮羞之物。他们像狗一样活着，像牛马一样工作。对他们而言，那些可怕的非洲裔包工头随时可以把他们从人间带到地狱。他们当中没有女人，所以没有任何事情可以缓解高强度劳动带来的绝望感"。乘船离开后，佩克充满厌恶之情地写道："这个群岛在我看来简直是一个人类的屠宰场。离开这个地方让我有一种如释重负的轻松感，就像刚从噩梦中醒来。"英国海军军官约翰·莫尔斯比（John Moresby）于1850年评论道，鸟粪贸易是一个"残忍到令人发指的体系，也是我揭露过的人类最邪恶的故事"。

鉴于鸟粪工人恶劣的工作环境，很少有人愿意从事这一职业。为了寻找廉价工人，秘鲁政府及其垄断性承包商将目光投向了亚洲以填补空缺。成千上万的中国劳工被骗到秘鲁的岛屿上做苦力，他们拿到的合同上并没有注明他们会沦为奴隶。中国劳工中介一般会在合同中写他们不得从事鸟粪挖掘工作的条款，但一旦登上前往国外的船只，不管之前合同上写的是建铁路、挖矿山，还是在农场劳动，一切都不再作数，他们的抗议也得不到任何回应。到达工地后，他们就如同囚犯一般，五年合同期内不得离开，至于五年后能否活下来，就只能听天由命了。据历史学家估算，19世纪中期大约有9万到15万中国劳工被美国、英国、法国、西班牙和秘鲁船只运送到秘鲁，其中大约1万人死在路上。而那些未经同意就被迫在钦查群岛挖掘鸟粪的中国劳工中，有20％的人不幸死于工作中。

除了中国劳工，同样被绑架来的不幸者还有波利尼西亚人、来自南美大陆的罪犯以及来自世界各地的黑奴和逃兵。当时被称为"黑鸟"的恐怖做法也为鸟粪岛带来了数千名劳工。一些恶毒的美国和欧洲船长会向波利尼西亚人和美拉尼西亚人等生活在太平洋岛屿上的人承诺待遇丰厚的工作，诱使他们登船，实际上这些受骗者只能在林区、果园或矿山中像奴隶一般工作，更不幸的人则被送到鸟粪岛工作。数千人通过这种方式被骗到秘鲁挖鸟粪。1862年一起具有悲剧色彩的"黑鸟"行动引发了国际社会的愤慨，许多人对

152

这一不道德行为表示了强烈谴责。在这次事件中，几艘秘鲁船只驶向复活节岛①，绑架了岛上包括政治和宗教领袖在内的 1000 名男性（几乎是岛上所有的男性），把他们运到鸟粪岛从事体力劳动，其中大多数人最后都死在秘鲁。在一名法国牧师的抗议下，几位幸存者被送回复活节岛，但他们同时把病毒带回了家乡，岛上的妇女和儿童很快被感染，最终该岛大部分人都不幸死亡。不管怎样，在世界各国的倡议下，19 世纪末以来类似事件大幅减少。1874 年，秘鲁政府宣布禁止引入中国劳工，因此被骗到秘鲁的中国劳工的数量不断下降。1876 年，英国议会通过反人口贩卖的法律，授权英国皇家海军船只在本国和国际水域打击相关违法行为。

由于劳动力成本低廉，秘鲁政府和一些垄断鸟粪运输与销售权的航运代理公司从鸟粪贸易中获得了丰厚利润。当时秘鲁总统的工资是美国总统的两倍。秘鲁政府兴建了大量奢华的公共设施和昂贵的铁路线，取消了对国内公民的征税，还斥巨资向邻国发动了一系列战争，包括 1842 年与玻利维亚的战争和 1859 年与厄瓜多尔的战争。但不久后，西班牙入侵秘鲁，理由是秘鲁人的帮派在智利杀害了几名西班牙公民。在这场战争中，西班牙舰队占领了钦查群岛，西班牙的行为一方面是觊觎鸟粪贸易的高额收入，另一方面由于西班牙对之前失去南美洲殖民地耿耿于怀，尝试重新建立对秘鲁的政治控制。西班牙太平洋舰队随后封锁了秘鲁的卡亚俄港。由于智利与秘鲁签订有共同防御条约，西班牙对智利的瓦尔帕莱索

---

① 复活节岛（Easter Island），也可音译为伊斯特岛，位于南太平洋东部，属于波利尼西亚群岛。——译者注

（Valparaiso）港也展开了海上封锁。但这时西班牙的实力已大不如前，很快就力不从心。秘鲁和智利最终挫败了西班牙的入侵，维护了自身主权。对秘鲁而言，这场战争最大的意义是保住了事关政府财政收入的鸟粪岛。

尽管在几十年的鸟粪贸易中赚取了大量收入（几乎三分之二的毛利润归秘鲁政府所有），但由于管理不善、腐败严重以及决策失误，秘鲁政府负债累累，只能以鸟粪资源为抵押物来申请国外贷款，钦查群岛带来的所有收入都用于偿还外债。一旦失去鸟粪贸易，秘鲁整个国家都不得不宣告破产。尽管秘鲁鸟粪凭借其相对于其他肥料的优势在欧洲和美国享有更高的价格，但该商品大部分溢价都来自秘鲁政府的出口税。19 世纪 60 年代后，鸟粪在国际市场价格的下降给秘鲁政府带来灾难性打击，曾经虚假的繁荣，如同纸牌屋一般，在暴风中迅速坍塌。

19 世纪 60 年代，国际社会对肥料的需求依然旺盛，但秘鲁鸟粪的名声却一落千丈。这倒并非由于鸟粪贸易中对工人的不人道行为，而是因为市场上出现了越来越多冒充秘鲁鸟粪的劣质产品，严重损害了秘鲁鸟粪的口碑。这些鸟粪大多来自加勒比海和太平洋其他岛屿以及非洲沿海地区。由于这些地区的降水比较充沛，冲走了鸟粪中原本大量含有的硝酸盐，其作为肥料的效果远远比不上秘鲁鸟粪。但为了高价出售自己的产品，几乎所有的销售员都声称自己的肥料产品来自秘鲁，客户也很难从产品的外观判断其真实产地。最终，原本用于指代秘鲁鸟粪的专有词汇"瓜努"逐渐成为拥有不同肥力的各种鸟粪产品的统称。19 世纪 40 年代，秘鲁鸟粪的产量达到顶峰，但 60 年代以后，钦查群岛的优质鸟粪储量不断减少，到 70 年代几乎消耗殆尽，连秘鲁政府也不得不从其他岛屿收购质量更差的鸟粪，以次充好。这导致市场上鸟粪产品的质量参差不齐，进一步冲击了秘鲁鸟粪的名声和价格，秘鲁政府的财政受到重挫。

155　　随着 19 世纪 60 年代鸟粪产量的下降，玻利维亚和智利的生硝出口量不断上升，进一步挤压了秘鲁鸟粪的市场份额。具有讽刺意味的是，秘鲁将鸟粪在国际市场上的价格推到高位，客观上使玻利维亚从生硝贸易中受益，加速了其对生硝矿的开采。很快，采矿业在沙漠地区蓬勃发展起来。19 世纪 60 年代，该地区出现了许多原始小镇和矿区，吸引了大量工人来这里谋生。尽管没有鸟粪行业那么让人难以忍受，但生硝开采业也很辛苦，采矿地点大多远离繁华的都市。辽阔的阿塔卡马沙漠是全世界最不宜居的地区之一。由于终年干旱无雨，这里无法用水洗衣服，当地几乎没有用作食物的动植物。除了矿区，附近没有任何像样的城镇。在这里拿着微薄薪水

19世纪，数千名契约劳工在钦查群岛开采鸟粪，被迫在极其恶劣和不人道的条件下工作至死。

工作的大多是南美洲本地人，也有一些中国劳工。他们在生硝矿上进行爆破、敲击和挖掘，用骡子将矿石运送到提炼中心，然后再将提炼过的生硝运送到伊基克和安托法加斯塔（Antofagasta）等港口进行装船。

生硝与鸟粪的商业价值一度相当，销售量也难分伯仲，但 19 世纪 50 年代生硝的需求量进一步上升，因为当时在德国发现了大量的氯化钾矿产，可以用其通过英国化学家 F. C. 希尔斯（F. C. Hills）的专利流程将南美洲生硝中的硝酸钠转化为硝酸钾。这种产品被称为转化硝石（conversion saltpeter）或德国硝石，很快在整个欧洲得以广泛推广，尤其在 1853 年至 1856 年克里米亚战争期间，大量转化硝石被用于军事目的。这种产品在美国也得到一定范围的使用。这一生产流程产生的一个有价值的副产品就是碘。在此之前，碘主要从海藻中提取，流程极为复杂，成本很高。1857 年，拉莫特·杜邦（Lammot Du Pont）发现无须将生硝转化为硝酸钾后再制作火药。他的方法是将纯生硝加入石墨，在大桶中翻滚 24 小时。这时，生硝上会形成石墨层，使其失去吸水性。虽然这种含有硝酸钠的"苏打"火药在性能上不及普通火药，只能应用于采矿业，但在南北战争期间，这一工艺大幅减少了美国对来自印度的英国硝石的依赖。

杜邦的转化流程极大地增加了生硝的商业价值。19 世纪 60 年代末，达纳炸药、火棉和胶质炸药的发明进一步刺激了人们对生硝的需求。虽然大多数生硝被用作肥料，但随着欧洲和美国爆炸物行业的蓬勃发展，生硝成为一种必不可少的战略性物资。19 世纪 70 年代该行业的发展尤为迅速，19 世纪继续保持高速增长的态势，与之同步出现的是工业的发展和许多改变地球面貌的大型工程的出现。看到秘鲁从鸟粪贸易中获得巨大财富后，南美各国纷纷将目光投向生硝矿的开采。这时，对于秘鲁而言，似乎只有通过控制生硝矿，才可避免破产的命运，挽回自己在国际社会上的颜面。因此，围绕阿塔卡马沙漠的硝矿，南美洲在 1879 年至 1884 年爆发了一场激烈的军事冲突。这场战争被人们称为太平洋战争或硝石战争。

* * *

南美洲西部的硝矿平原是一个宽约 30 千米、长约 700 千米的狭长地带，这里常年没有降雨，四季尘土飞扬，是一片荒凉的无人区。这里是智利、秘鲁和玻利维亚三个国家主权边界模糊的交界处，包括智利最北部地区、秘鲁最西部地区和玻利维亚唯一的出海口。该平原东边是安第斯山脉，西边是沿海山区。关于该地区形成硝石的原因，直到今天仍存在争议。但大多数人认为，当地的硝石由很久以前的鸟类和哺乳动物的粪便形成，当时这里可能存在一个碱水湖，大量海鸟在湖岸留下排泄物。类似于硝石在肥沃土地上的形成过程，有机物中的菌类活动产生了南美洲生硝。历史学家 M.B. 唐纳德在《科学年鉴》中写道："根据许多早期探险家的记录，他们在这里的硝石矿附近见到过肉眼可识别的鸟粪和鸟类遗体。"早期探险家直接称这种生硝矿为鸟粪。这是一种淡黄色的蓬松土壤，与秘鲁岛屿上的鸟粪非常相似。另一些人则认为，阿塔卡马沙漠之所以出现大量硝石矿藏，是由于周边高山富含硝酸盐的流水在这里汇集，水分蒸发后，硝酸盐被保留下来。该地区最新的气象数据也能证明，这里常年异常干旱，微生物和植物稀少，因此生物对土壤中氮元素的吸收量极少，导致硝酸盐在该区域大量聚积。

　　唐纳德引述了早期西班牙文献中记录的关于人们如何发现南美洲硝石特有属性的传说。据称，最早发现生硝的是一个"来自塔马鲁加尔大草原的名叫内格雷罗斯的伐木工人"，"他在某地（该地后来以他的名字命名）生火后，发现地面开始融化，像溪水一样流动起来。他赶紧把这件事告诉了加米纳的神父，神父称这是传说中的地狱火，要求告知具体地点，以寻找应对方法。这位神父取样后发现导致这一现象的物质是硝石。他将剩下的样品扔到自己的花园里，令他惊讶的是，花园的植物突然生长得格外茂盛。不久后，一

20世纪初阿塔卡马沙漠中的一座硝酸盐提炼厂。19世纪80年代硝石战争后，智利战胜秘鲁和玻利维亚，单独控制了世界上最大的有机硝矿产地。随着烈性炸药和化肥量的剧增，只有这里生产的硝石能够勉强满足全球市场的需求。

158

位英国海军军官来到塔拉帕卡（Tarapacá），拜访了这位神父，顺便得知了这一情况，然后这个消息很快传遍欧洲"。一位名叫唐·安东尼奥·奥布赖恩（Don Antonio O'Brien）的旅行家在 1765 年对南美洲的硝石矿进行了如下描述："地面表层是包含硝酸盐的海绵状岩石层，人们称之为生硝，经常用来建房子……下层是更为坚硬的岩石，其密度更大，人们称之为'坎杰洛'，里面也含有硝酸盐。"18 世纪晚期，其他探险家也观察到这一地区地表的生硝矿。根据他们的描绘，矿区的面积非常广，许多河谷地区都被这种物质覆盖。

如果鸟粪能够继续支撑其脆弱的经济，秘鲁或许不会关注这一地区的生硝开采业，虽然这一地区的部分区域为秘鲁的合法领土。但到了 19 世纪 70 年代，生硝矿让秘鲁经济承受了巨大的压力。1868 年至 1873 年，仅英国的生硝使用量就增长了一倍多。与此同时，鸟粪在世界各地的销量则减少了一半。秘鲁政府的正常运行主要依靠鸟粪出口代理商的收益，而面对出口收入的锐减，秘鲁不得不采取之前在鸟粪资源上使用过的策略：宣布该地区未开采的生硝矿为秘鲁国家所有，只有秘鲁政府拥有采矿执照颁发权和定价权。历史学家罗伯特·G. 格林希尔（Robert G. Greenhill）和罗里·M. 米勒（Rory M. Miller）在《拉丁美洲研究》（*Journal of Latin American Studies*）上撰文写道："在没有征收直接税等可行的其他增加政府收入方案的情况下，面对金融危机的爆发和鸟粪贸易收入的锐减，秘鲁政府唯一的办法是将硝石产业收归国有。"只有这样，秘鲁才能通过控制和操纵生硝的生产销售来减少鸟粪贸易下滑对其产生的冲击。

当时有许多公司在同时从事鸟粪和生硝贸易。格林希尔和米勒评论道："具有讽刺意味的是，许多在西海岸从鸟粪贸易中赚取大量利润的公司都转而投资生硝这一竞争性产品。"围绕鸟粪贸易建立起来的商业基础设施、资本以及运输网络可以便捷而快速地转入生硝的开采、生产和运输。安东尼吉布斯父子贸易公司的主要负责人之一威廉·吉布斯（William Gibbs），巧妙地使公司成为秘鲁鸟粪的垄断性代理，与此同时大量投资生硝产业，他个人也因此积累了大量财富。19 世纪 80 年代末，他在伦敦西郊修建了一栋宽敞的豪宅，英国国家信托基金会称该建筑群为"具有哥特式复古风格的视觉盛宴"。不同于鸟粪贸易，生硝行业不是纯粹的矿产采掘业，在出口前需要将其加工成具有国际价值的半成品，因此这个行业对资本投资和组织管理提出了更高的要求。这就是为什么后来大部分涉足生硝开采和提炼行业并获得成功的大型公司，虽然名义上是智利公司，但实际上完全靠外国资本支持。秘鲁于 1875 年将境内的生硝资源收归国有的决定，间接打击到智利和欧洲之间已形成的利益链。

秘鲁的国有化行为引发了老牌企业的公愤，不仅未能有效遏制鸟粪价格的下降，也没有给本国带来可观的实际经济利益，因为阿塔卡马沙漠在玻利维亚和智利境内也拥有大量生硝矿藏。当时，智利生硝产地距离海岸较远，因此开采成本更高。相对而言，玻利维亚生硝产地距海岸较近，加上玻利维亚政府征收的税更低，在这里开采生硝的利润更高，因此，一个新的行业在玻利维亚境内蓬勃发展起来，对秘鲁政府在境内实施的生硝管控政策造成巨大冲击。秘鲁南部的塔拉帕卡省在地理上与国家政治中心相隔较远，当地矿工的各种生活物资完全从智利进口，矿工也大多不是秘鲁人，因此，该省对秘鲁的国家认同感很低，文化上也没有太多联系。总之，尽管该地区拥有丰富的对国家经济至关重要的资源，但国家对这一地区的政治控制力有限，它很快成为其他国家吞并的目标。

161　　秘鲁曾尝试控制整个硝矿平原，通过类似于卡特尔的方式稳定该商品的价格，但智利不断扩大其在生硝行业的参与度，扰乱了秘鲁的战略布局。19 世纪 70 年代，由于玻利维亚加大生硝矿藏的开采量，该商品短时期内供过于求，由此产生的价格波动让秘鲁经济承受巨大风险。在恐惧和欲望的驱使下，三个南美国家为争夺硝石而一步步走向战争。智利的宣战理由是玻利维亚提高了安托法加斯塔附近智利公司（实际上这些公司背后是英国资本，吉布斯等人都有投资）需缴纳的税额，违反了两国之前签订的条约。条约规定，玻利维亚对境内生硝开采公司征低税，作为回报，智利承认玻利维亚对该人口稀少地区的主权。智利认为玻利维亚的行为威胁到其国家利益，同时还希望控制该地区的生硝产业。因此，智利于 1879 年 2 月 14 日派出一支 500 人的军队控制了安托法加斯塔。由于秘鲁与玻利维亚秘密签订有共同防御条约，秘鲁被迫卷入战争。整体上看，凭借更强的军力，智利接连取得胜利。1879 年底，智利不但占领了玻利维亚的阿塔卡马省和秘鲁的塔拉帕卡省，还俘获了秘鲁的"瓦斯卡尔"号铁甲舰，将其编入智利海军，牢牢掌握了制海权。随后，智利对海上所有运输鸟粪和生硝的船只实施封锁，彻底切断了对秘鲁而言至关重要的外汇收入。在继续取得一系列海上和地面作战行动的胜利后，智利军队于 1881 年长驱直入，向秘鲁首都利马发动进攻。秘鲁和玻利维亚继续抵抗了几年，最终不得不宣布战败，分别于 1883 年 10 月和 1884 年 4 月与智利签订和平协议。两国原本位于生硝产地的省份全部割让给智利，智利的北部边界大幅延伸。玻利维亚不但失去了生硝矿藏带来的财富，还失去了自己的海岸线和港口，沦为一个内陆国。直到今天，这仍然是一个极具争议的主权问题，一些玻利维亚地图仍将被智利吞并的本国沿海地区标注为被占领土。此外，玻利维亚还维持有自己的海军，这些舰船航行在的的喀喀湖的玻利维亚水域，似乎随时做好重返太平洋的准备。

162

这场战争结束后，智利将整个硝矿平原据为己有，而秘鲁则继续垄断着日益衰落的鸟粪出口业。在随后几十年，智利的生硝产业不断发展，但大多数公司都由外国资本控制，许多当地工人只能在沙漠中从事艰辛的体力劳动。生硝贸易产生的税收成为智利政府的主要经济来源，但贸易产生的大部分利润都流入其他国家。随着行业的发展，矿产挖掘的机械化程度和效率不断提高，蒸汽挖掘机等在当时看来非常先进的设备得以运用，且蒸汽火车能将这些矿产运输到海边。经过精炼的硝酸钠在安托法加斯塔和伊基克的港口装船，然后被运送到世界各地的工厂，包括位于苏格兰的英国炸药公司的工厂，以满足全世界对肥料和爆炸物的巨大需求。智利生硝的价格优势很大，运输条件也很便利，这对位于欧洲等世界上为数不多的硝石产地造成巨大冲击，连印度的硝石出口量也因此大幅下降。在全世界对这种物资需求最旺盛的关键时期，智利几乎垄断了全球工业级硝酸盐的供应。

智利生硝长期以来是全球重要的肥料来源，19 世纪末达纳炸药的使用变得越来越广泛，智利生硝成为对战争和农业而言至关重要的原材料。历史学家 C. E. 门罗（C. E. Munroe）在《从军事角度审视氮问题》（The Nitrogen Question from the Military Standpoint）一文中提出："因此，可以肯定地说，如果没有智利生硝矿的发现和开采，就不会出现今天众所周知的爆炸物工业，19 世纪下半叶也不会迎来具有里程碑意义的采矿业和交通业的迅速发展。"这也解释了为什么在第一次世界大战期间，第一场大规模海战会围绕智利硝石展开。

163

1896 年，智利硝石行业迎来辉煌的一年，出口量达到惊人的115.8 万吨，是硝石战争爆发前的 9 倍。而这一年，让硝石在非农业领域变得炙手可热的关键人物——阿尔弗雷德·诺贝尔，却出现了严重的健康问题。他患心脏病多年，这使他的病情进一步恶化。面对严重的健康问题，诺贝尔决定在巴黎写下自己的遗嘱。作为过去 30 年爆炸物的关键研究者和生产者，他对未来如何使用自己毕生积累的巨大财富萌生了一个独特的想法。当然，这份特殊的遗嘱既不会影响智利硝石行业的发展，也不会中断他名下几十家工厂利用智利硝石生产炸药的进度。不过，这份遗嘱将影响整个世界。

第八章

炸药的利润：献给科学界和
人类文明的礼物

由于往返领事馆有被扣留和抢劫的风险，为避免引起其他人的注意，我们采取了特殊的预防措施……将所有汇票装入手提箱后，我们坐上了一辆普通的马车前往领事馆。我手持一把上膛的左轮手枪，万一有人尝试通过撞击马车来发起抢劫，我将誓死保护手提箱。

——朗纳·索尔曼（Ragnar Sohlman），
约 19 世纪 90 年代

位于意大利里维埃拉地区的圣雷莫是一座僻静的城市，远离欧洲各大交通要道，与位于欧洲文化中心和地理十字路口的巴黎等大城市截然相反。可以说，圣雷莫在任何意义上都算不上中心，人们来到这里大多是为了放松，从生活中充斥着的各种商业气息和艺术潮流中暂时抽离出来。这里天气很好，经常阳光明媚，气候温和宜人。但阿尔弗雷德·诺贝尔并不喜欢这里。相对而言，他更喜欢巴黎。圣雷莫的环境对他的健康的确有好处，但不符合他的性格。所以，居住在圣雷莫期间，诺贝尔一有机会就出差，前往苏格兰、瑞典、德国和法国等地。由于圣雷莫地理位置偏僻，许多化学原料和实验器材都需从遥远的德国订购，让诺贝尔不得不等很长时间。这里还很难招到受过专业教育的助手。由于诺贝尔在当地的实验室经常发出爆炸声，有时直接从庄园向附近大型码头的水域试射火箭弹和炮弹，周围民众对此非常不满，经常投诉。总之，在很多方面，圣雷莫对诺贝尔而言都不是一座理想的城市。

但另一方面，诺贝尔在 1891 年被逐出巴黎前已近 60 岁，对频繁的出差和高强度的工作多少有些力不从心了。他在给助手的信中写道："我厌倦了爆炸物行业。在这个行业中总会遇到各种迂腐之辈和欺骗行为，处理各种意外事故、限制性规定、繁文缛节，以及其他烦琐之事。我渴望宁静的生活，全身心投入科学研究，但面对每天处理不完的事情，我的渴望不过是奢望。"诺贝尔长期头疼，

166

随着时间的推移，他的病情变得越来越严重，最初只有在实验室吸入大量硝酸甘油和其他化学溶剂时才会头疼，但到 19 世纪 90 年代，他经常被"尼福尔海姆的鬼魂纠缠"。"尼福尔海姆"是挪威神话中亡灵所在的黑暗、寒冷和充满迷雾的地方。他每年冬天都会犯支气管炎。法国医学专家还诊断他患有心绞痛，给他开了硝酸甘油来缓解诺贝尔所说的"心肌及其附近出现的如同患风湿病时关节部位出现的疼痛"。当时医学界发现，高度稀释后的硝酸甘油可以有效扩张血管，增加心脏的供氧量，缓解心绞痛的症状。诺贝尔在给助理朗纳·索尔曼的信中写道："真是造化弄人啊！生产了一辈子硝酸甘油，我最后竟然被要求内服硝酸甘油。人们称这种药为特林克酊（trinktin），因为担心硝酸甘油的名称会吓到药剂师和公众。"除了服药，医生还要求他放慢生活节奏，停止手头的工作，但诺贝尔根本做不到，这种生活方式完全不符合他的性格。他继续疯狂地出差。尽管已辞去自己名下诸多公司和信托基金的董事会职务，但他仍然每天在实验室工作到深夜。

诺贝尔生来就是一个发明天才，年迈的他仍然用那极具创造力的大脑思考新的创意，设计新的产品，怎么也停不下来。他一生中在不同国家拥有 355 项专利，埃里克·伯根格伦毫不夸大地评价道："考虑到这些专利都来自同一个人，这的确是一个非常惊人的数字。"诺贝尔的科研成果不仅包括最初的爆炸物专利以及对爆炸物和枪炮的诸多改进，还包括航空拍摄与输血设备。他还制造出人造橡胶和人造丝绸的原型。工作中出现的任何技术难题都让他无比着迷，但在晚年，他对战争越来越反感，对自己各种发明的实际运用情况感到失望，多年来从事的工作与他的个人哲学之间出现一定程度的冲突。他写道："我希望所有的枪炮及其附属物都被送入地狱，那里才是最适合展示和使用这些物品的地方。"尽管存在思想斗争，但诺贝尔并没有停下手头的工作，继续研发更可靠的引爆装置、可进行无声射击的枪支、性能更稳定的子弹和炮弹，以及密封性更好的枪膛。

大约一年后，诺贝尔实在难以继续忍受偏远和寂静的圣雷莫。他打开欧洲地图，尝试寻找一个更适合安度晚年的地方，在那里他可以相对自由地开展实验，不受政府过多约束，而且那里不能是一潭学术死水，不能缺少能帮助自己的人才。诺贝尔首先排除了英国，之所以如此，并非由于那里气候阴冷潮湿，而是他认为"保守的英国人难以接受任何没有在上古时代被认可的事物"。同样，法国在他看来也不是一个理想的选择，这并非由于他在法国受到过不公正的待遇，最后还被这个国家驱逐，而是因为他认为法国人过于傲慢，他曾写道："法国人似乎自信地认为，大脑是他们独有的器官。"

德国比英国和法国略好，但那里咄咄逼人的军事文化让诺贝尔感到不安。于是，他将目光投向自己的出生地瑞典。虽然他在 19 世纪 60 年代就离开了这片土地，但每年都会回瑞典看望母亲。时隔 30 年，现在似乎到了落叶归根的时候。1893 年，瑞典乌普萨拉大学授予诺贝尔哲学博士的荣誉学位，这进一步坚定了他回国的决心。他后来打趣道："自从这些家伙让我成为哲学博士后，我好像比以前更像个哲学家了。"实际上，诺贝尔挺看重这一荣誉，也很喜欢别人称呼他为诺贝尔博士。1894 年，诺贝尔在距斯德哥尔摩 50 英里外的博福斯（Bofors）买下了一座陷入财务困境的大型钢铁厂和军工厂，重新为工厂注入资金。这里离诺贝尔兄弟罗伯特养老的地方只有几英里。诺贝尔翻新了工厂中的房屋，并为自己和诸多助手修建了一座气派的实验室，以便继续开展研究工作。

但此时他的健康状况越来越差，他自己也清楚这一点。随着心脏病情的恶化，法国医生建议他开始安排自己的后事。他此前曾写道："没有任何记忆能让我高兴起来。对于人类的未来，我不抱任何乐观的幻想；对于个人的未来，也没有事情能进一步满足我的虚荣心。人类都通过后代来实现生命的延续，而我无法实现这一点。我甚至没有能够倾注情感的挚友或表达恶意的敌人。"在另一篇文章中，他写道："在过去的九天，我一直在与病魔斗争，没法出门。除了一位雇用来的男仆，没有任何人陪伴我，也没有任何人关心我的病情……我的心脏感觉非常沉重。当一个人年仅 54 岁就在世上孤独无依，唯一向他表达善意的只有被他雇来的用人，人难免会产生许多沉重的思绪，这种沉重感大多数人难以想象。"其实，大约在几年前他的兄弟卢德维格去世时，诺贝尔就开始思考如何处理自己的遗产。1888 年，巴黎报纸上居然错误地刊登了诺贝尔的讣告。文章中称诺贝尔是达纳炸药的发明者，详细介绍了他作为爆炸物和武器的供应商如何积累起巨大的财富。文章将他描绘成一个道德水准低下的人，提供人类彼此杀戮的工具，从人类的冲突和痛苦中获利。读完这篇讣告后，诺贝尔备感震惊。其实，当时去世的并非诺贝尔，而是他的哥哥卢德维格，巴黎的报刊显然将兄弟两人弄混了。但讣告中对他的评价，让他开始对自己的一生进行反思，尝试评价自己对世界作出的贡献。同时他也开始考虑，在没有任何直系后代的情况下，该如何处理自己一生从爆炸物的发明、生产和销售中获取的巨大财富。他的工厂生产和销售的爆炸物有上百万吨，客观地说，这些爆炸物中有很多都没有用于造福人类。当时他的财富大约为 3300 万瑞典克朗（折合 200 万英镑或 800 万美元），我们很难按照现在的汇率和购买力来估算他当时的财富，但这绝对是一笔巨款。

在思考自己在道德伦理层面的义务时，诺贝尔不但没有停止炸药和无烟火药的生产与销售，而且继续推进在这些领域的科研，还雇用了许多助手来加速实验进度。诺贝尔是一个非常理性和务实的人，能够轻松地说服自己，让自己相信这些商业决策是合理的。他指出，自己只是生产可供他人使用的工具，至于使用的方式和结果是否正义，完全取决于使用者的道德水准。这些产品被用于不道德的事情并非他的责任，因为即使他不生产炸药和武器，其他人也会取而代之，做同样的事情。诺贝尔在逻辑上一般无懈可击，但这些解释并不能完全说服他自己。毕竟，他本质上是一个道德感极强的人。长期以来，他的生活都围绕工作展开，但到生命的最后几年，他明显意识到工作无法为他提供全部的成就感。他在去世前一年写道："我有一些重大问题需要思考，至少有一个重大问题，那就是从光明走向黑暗，从生命走向永恒的未知，或如斯宾塞所说的不可知领域。"

1896 年 7 月，诺贝尔的另一位兄弟罗伯特意外地在离博福斯工厂不远的住所去世。作为兄弟几人中身体最赢弱的人，诺贝尔在送走了父母后，又送走了所有的兄弟。他知道，自己留在世上的时间也不长了。当年秋天他离开瑞典，到气候更温和的圣雷莫过冬，途中去巴黎拜访了一位心脏专家，再次从医生那里得到停止工作和旅

170　行及处理财产的建议。但是他仍然没有遵从医嘱，来到意大利后继续在实验室工作，盼望着在来年春天回到瑞典，推进弹道学和枪械方面的实验。但他对自己健康状态的估计过于乐观。一天早上，他被发现中风后瘫倒在椅子上。在他生命中的最后几个小时，他开始用仆人们无法听懂的瑞典语含糊不清地说话。他用尽全身力气潦草地写出了"电报"一词，仆人很快发电报把消息告诉了诺贝尔的家人和他的助理朗纳·索尔曼，但当他们赶到时，诺贝尔已于1896年12月10日去世。诺贝尔的传记作家之一赫尔塔·保利写道："他活得低调，走得也很悄然，就这样结束了自己精彩而悲伤的一生……这个有些害羞、毫不起眼的人，独自离开了人世。连旁边的邻居都不知道他的去世。在最后一刻，没有任何对他重要的人陪在身边……"他的遗体被送到瑞典火化。他写的最后一封信还没来得及寄出，就放在他中风时面前的桌上。在这封写给助理的信中，他说自己的身体状况虽然不佳，但一旦好转，就会回到实验室与他们一起并肩奋斗。

离开人世时，他在全世界拥有超过93家工厂，达纳炸药和其他爆炸物的年产量多达6.65万吨。他持股的工厂和公司分布在至少九个国家。他在五个欧洲国家拥有六栋豪宅，还拥有大量地产、知识产权和其他资产。许多人都期待他在遗嘱中提供的财产明细和分配方案。然而，这份遗嘱的实际内容让诺贝尔的家人和整个欧洲都大为震惊。前一年11月，在得知无烟火药官司失败的消息后，诺贝尔在四名瑞典保赔协会（Swedish Club）成员的见证下，用瑞典语手写了一份只有四页的遗嘱，并将这份文件在斯德哥尔摩的一个保险库中放置了大约一年时间。对有些人而言，这份文件相当于一个随时可能爆炸的定时炸弹。诺贝尔向来不信任律师，在无烟火药诉讼案后，他对这个行业的厌恶之情变得更为强烈，认为律师毫无正义感可言，所以在起草遗嘱时他没有向任何律师咨询法律建议。因此，用于处理名下大量各种形式财富的遗嘱中存在许多模糊之处。

在遗嘱中写了一个简短的序言和一个小额遗赠清单后，诺贝尔开始用不太精确的语言交代对自己大部分财产的处置方式：

> 在此我要求以如下方式处置我可以兑换的剩余财产：将上述财产兑换成现金，然后由遗嘱执行人进行安全可靠的投资，用这些资金和投资成立一个基金会，将基金所产生的利息每年奖给在前一年为人类作出杰出贡献的人。将此利息划分为五等份，分配如下：一份奖给在物理界有最重大的发现或发明的人，一份奖给在化学上有最重大的发现或改进的人，一份奖给在生理学和医学界有最重大发现的人，一份奖给在文学界创作出具有理想主义倾向的最佳作品的人，最后一份奖给为促进民族团结友好、取消或裁减常备军队以及为和平会议的组织和宣传尽到最大努力或作出最大贡献的人……我希望，对于获奖候选人的国籍不予任何考虑，也就是说，不管候选人是不是斯堪的纳维亚人。

这是一份前所未有的遗嘱。从诺贝尔潦草的笔迹中诞生了世界上最著名和奖金最丰厚的科学奖励机构。在一个多世纪的时间里，该机构每年发放数百万美元的奖金。即便是这笔资金每年利息的五分之一，对任何人而言这都相当可观。19 世纪末，单个诺贝尔奖的奖金相当于当时大学教授年收入的 30 倍或建筑工人年收入的 100 倍。

诺贝尔在遗嘱中设立的五个奖项很好地反映了他的个人哲学。在他看来，重大发现、发明和思想能带来巨大的社会效益。设置诺贝尔文学奖也很符合诺贝尔的性格，因为他一直是文学作品的狂热读者，也是一名业余小说家、剧作家和诗人。物理学奖和化学奖反映了诺贝尔在科学上的兴趣与追求。医学造福人类的意义不言而喻。诺贝尔相信，每一项拓展人类知识边界的发现和创造，都能直接促进社会的进步和人类生存境遇的改善，都是对世界上邪恶势力的胜利。有传言称，诺贝尔没有设立数学奖，是因为著名的瑞典数学家哥斯塔·米塔-列夫勒（Gösta Mittag-Leffler）夺走了他深爱的女人，但诺贝尔的传记作家们认为这一传言缺少根据，实际原因是诺贝尔认为数学过于理论化，很难直接给人类带来实际利益。

在所有奖项中，最令人意外的是和平奖的设立。虽然诺贝尔长期以来都表达了自己对和平的向往，希望人类不要通过相互杀戮来破坏共同拥有的文明，但他的言行似乎存在一定矛盾。毕竟，人类冲突是他能够获得巨大财富的重要原因。将和平奖与其他四个更务实的奖项并列在一起，也许同诺贝尔晚年与贝尔塔·金斯基（Bertha Kinsky）① 结下的友谊有关。可能是这位女性让诺贝尔下

---

① 她全名为贝尔塔·冯·苏特纳（Bertha von Suttner），是一位奥地利小说家与和平主义者，于 1905 年获得诺贝尔和平奖。——译者注

定决心将毕生的财富用于社会进步事业。诺贝尔在更早前的 1889 年和 1893 年分别写过两份遗嘱，当时决定只将小部分资产用于设立奖项，但经过与金斯基的几次哲学讨论以及多年的通信，在最终版的遗嘱中，诺贝尔将几乎所有积蓄都用于设立奖项，未曾留给家人。

1876 年，诺贝尔在维也纳报纸上刊登了一条神秘的招聘广告，称巴黎"一名富有、受过高等教育的老绅士"招聘一位"能够熟练使用多种语言"的秘书。当时 33 岁、来自奥地利贵族家庭的金斯基正深陷财务困境。她之前是另一个富裕家庭的家庭教师，她与该家庭长子的恋情被发现后，不得不选择离开。无依无靠的她应聘了巴黎的这份工作，很快与这位并不那么老的"老绅士"（诺贝尔当时只有 43 岁）建立起融洽的关系。但金斯基与诺贝尔共事的时间并不长。诺贝尔前往瑞典不到一周时间，她就从巴黎回到维也纳，然后与情人私奔到高加索地区。此后诺贝尔和金斯基保持了十年的通信，直到她回到维也纳。又过了半年，她出版了著名的《放下武器》（*Lay Down Your Arms*）一书。这本呼吁和平与裁军的作品被翻译成多种语言，她的名字在欧洲家喻户晓。两人的关系也出现了新的发展，思想上的交流和相互影响变得更为明显。该书出版后，诺贝尔致信祝贺，称她是"一位向战争宣战的女战士"。金斯基在长期通信以及多次见面时尝试说服这位炸药大王接受她当时相对激进的关于和平与裁军的理念，加入欧洲蓬勃发展的和平运动中。

诺贝尔并不支持战争，但他在战争问题上的观点比较务实，没有太多理想主义色彩。金斯基呼吁世界各国立即展开裁军。她还认

174

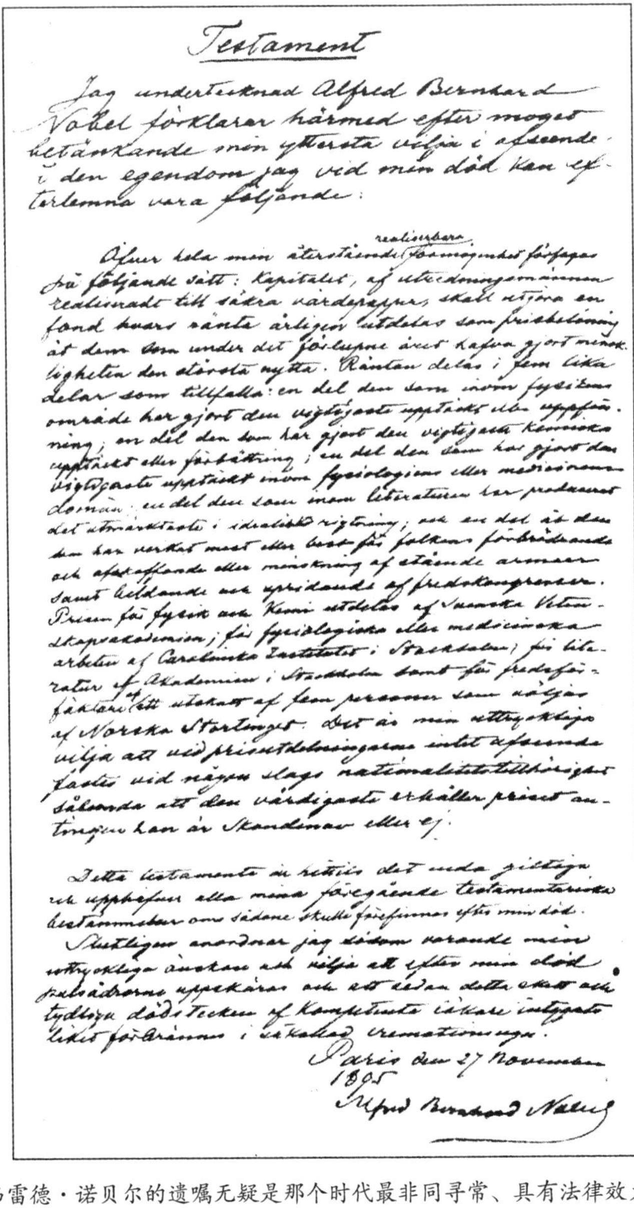

Testament

Jag undertecknad Alfred Bernhard Nobel förklarar härmed efter moget betänkande min yttersta vilja i afseende i den egendom jag vid min död kan efterlemna vara följande:

Öfver hela min återstående realiserbara förmögenhet förfogas på följande sätt: Kapitalet, af utredningsmännen realiseradt till säkra värdepapper, skall utgöra en fond hvars ränta årligen utdelas som prisbelöning åt dem som under det förlupne året hafva gjort menskligheten den största nytta. Räntan delas i fem lika delar som tillfalla: en del den som inom fysikens område har gjort den vigtigaste upptäckt eller uppfinning; en del den som har gjort den vigtigaste kemiska upptäckt eller förbättring; en del den som har gjort den vigtigaste upptäckt inom fysiologiens eller medicinens domän; en del den som inom literaturen har producerat det utmärktaste i idealisk rigtning; och en del åt den som har verkat mest eller bäst för folkens förbrödrande och afskaffande eller minskning af stående armeer samt bildande och spridande af fredskongresser. Prisen för fysik och kemi utdelas af Svenska Vetenskapsakademien; för fysiologiska eller medicinska arbeten af Carolinska Institutet i Stockholm; för literatur af Akademien i Stockholm samt för fredsförfäktare af ett utskott af fem personer som väljas af Norska Stortinget. Det är min uttryckliga vilja att vid prisutdelningarne intet afseende fästes vid någon slags nationalitetstillhörighet sålunda att den värdigaste erhåller priset antingen han är Skandinav eller ej.

Detta testamente är hittills det enda gilltiga och upphäfver alla mina föregående testamentariska bestämmelser om sådane skulle förefinnas efter min död.

Slutligen anordnar jag såsom varande min uttryckliga önskan och vilja att efter min död pulsådrorna uppskäras och att sedan detta skett och tydliga dödstecken af kompetenta läkare intygats liket förbrännes i så kalladt crematorium.

Paris den 27 November 1895

Alfred Bernhard Nobel

阿尔弗雷德·诺贝尔的遗嘱无疑是那个时代最非同寻常、具有法律效力的文件之一。

为只要组织数量足够多、规模足够大的抗议活动与和平大会，裁军
的目的就会很快实现。但在诺贝尔看来这些观点有些天真，没有看
到人性中本身存在的暴力倾向，也没有看到冲突和战争是一种历史
悠久且根深蒂固的文化产物。一直以来，各种形式的战争，无论是
侵略、自卫还是为了改变过去某种不合理的安排，都是人们解决争
端最为稳定的机制，并不会因为和平大会的频繁召开而在短时间内
消失。诺贝尔的见解是深刻的，在他去世后，19 世纪的最后几年
战争并没有减少，在接下来的 20 世纪爆发了两次极为血腥的世界
大战，21 世纪也没有以和平的方式开启。当然，作为和平运动的
目标之一，建立一个协调冲突的国际性机构，的确是一个极具建设
性的构想。此外，金斯基情真意切的呼吁，的确使她获得了大量道
义和经济上的支持，也对诺贝尔这位原本对和平运动持审慎态度的
炸药大亨产生了巨大影响。

　　其实，诺贝尔的反战观念并不是他在孤独的晚年才突然形成
的，而是在青年时期就已表现出来。然而，他一方面反对杀戮和毁
灭行为，但另一方面总能为自己找到看似合理的借口，以免除自己
的发明被用于非人道行为而产生的道德压力。金斯基记录了 1876
年她短暂担任诺贝尔秘书时期两人的对话，诺贝尔说："我希望自
己能生产出一种具有惊人破坏效率的物质或机器，让战争不再可能
爆发。"诺贝尔相信，一旦存在这种拥有巨大破坏力的武器，敌对
双方就不敢交战，战争也就自动消亡了。尽管他从未拥有充分的证
据来支撑这一观点（达纳炸药让普法战争很快结束的事实一度让他
对此坚信不疑），但直到去世前几年，他还一直坚持这一理念。金
斯基还提到他们 1892 年一个夜晚在苏黎世划船时的一次类似对话。

金斯基说："也许炸药工厂的利润比丝绸工厂更高，但前者没有后者正义。"诺贝尔回答说："如果有一天，两支军队可以在瞬间实现相互摧毁，那么所有的文明国家都会在恐惧心理的作用下放弃战争，解散军队。"诺贝尔这种观点其实经不起推敲，正如诺贝尔的传记作家赫尔塔·保利所言："万一拥有这种武器的是一个野蛮的国家呢？如果这个国家将魔爪伸向文明国家，会发生什么？仔细想一想，我们为什么要让战争中的两个国家都承受从地图上被抹去的风险？我们所要求的只是安全的领土，哪怕这片领土非常狭小。为什么要释放毒气，让本国的妇女儿童承受无尽的苦难？你愿意为了但泽（Danzig）①而战死吗？"保利还指出："通过战争带来的恐惧来遏制战争，这一理论是人类思想史上最大的谬论之一。"19 世纪90 年代，诺贝尔逐渐从这一谬论中走了出来。客观地说，用更具破坏性的武器来创造一个更加和平的世界，本身有一定道理，一个国家因为很小的分歧而进攻一个强大邻国的可能性会因此降低，但这并不构成发明威力更大武器在道德上的依据，何况武器生产商最终会把武器卖给出价最高者，而不是送给最需要武器的一方。

诺贝尔的哲学可以说是一种精妙的自我欺骗。通过这种方式，他让自己相信，他所热衷的领域与投入毕生精力的事业是正义和具有建设性的。而且我们不要忘记，诺贝尔不仅是一个执着的技术天才，还是一个非常善于内省、充满诗意甚至有些柔弱的人，他绝不会愿意相信自己所有财富、成功、名声和荣誉都来自创造更具破坏

---

① 波兰语译为格但斯克（Gdańsk）。波兰北部城市，是波罗的海沿岸地区重要的航运与贸易中心，历来是欧洲政治、军事与外交史上最受人关注的焦点之一。——编者注

力的武器与寻找更高效的杀戮方式。然而，随着年岁的增长，他对功名看得越来越淡，对人们使用这些发明的方式也感到越来越不安，即使他在逻辑上告诉自己，他的发明并不能决定别人具体的使用方式。总之，诺贝尔是一个有良知的人，他开始认真地思考自己的死亡，不愿意让后人仅仅视他为一个通过军火生意而发财的性格怪异的富翁。

关于金斯基到底多大程度上影响了诺贝尔的遗产分配决定，人们存在许多猜测，但这个问题的真实答案人们不得而知。保利评论道："具体多少归功于她在和平事业上的努力，人们有很多讨论，甚至存在激烈的争论。实际上，这种猜测是徒劳的，除了他们本人，没有任何人知道，他们也没有告诉任何人。"应该说，诺贝尔在科学领域与和平事业上设置奖项，既是自我反省的结果，反映他很在意自己留给后人的遗产，也受到金斯基这位 19 世纪末裁军运动创始成员的影响。在起草遗嘱时，诺贝尔可能认为，用自己部分财富来对抗带来这些财富的力量，能恢复某种原始的平衡，洗去他从事科学和工业活动带来的道德污点。毕竟，从最初他最小的弟弟奥斯卡的死亡，到他进入硝酸甘油生产行业后一系列事故导致的数百人死亡，再到最后威力强大的胶质炸药和无烟火药在军事领域造成的杀伤，他深知自己的双手在某种意义上也沾有鲜血。

诺贝尔最显著的人格特点就是不可调和的内在矛盾。他既是一位诗人和作家，也是一位典型的 19 世纪国际资本家；他不惜一切代价追求成功，全然不顾自己的身体，甚至没有建立自己的家庭，但他似乎不太享受财富给他带来的快乐；他非常重视自己的家庭，为了兄弟的事业付出了巨大心血，甚至承受了很大的风险，但他最

177

178　后几乎没有把财富留给他们；他是一个非常孤单的人，渴望他人的陪伴，却几乎没有社交生活，大多数时间独自在实验室中度过；他不喜欢旅游，却长期出差；他对暴力和战争深恶痛绝，但作为一个精明的商人，他不惜向冲突双方同时出售武器和炸药。可以说，他最终的遗嘱看似令人震惊，实则真实反映了贯穿他一生的内在对立，他的理性与情感之间不可调和的矛盾。也可以说，困扰他一生的道德斗争和内心冲突，最终在这份遗嘱中得以永久解决。

＊　＊　＊

　　当朗纳·索尔曼和鲁道夫·利耶奎斯特（Rudolf Lilljeqvist）从斯德哥尔摩的保险库中拿到诺贝尔的遗嘱，他们的内心一定是有些无奈甚至绝望的，因为这是一个难以完成的任务。索尔曼在圣雷莫和博福斯给诺贝尔当了三年的个人助理，是诺贝尔口中"最喜欢的人之一"，但他当时只有 26 岁，没有任何法律经验。利耶奎斯特当时虽然已 41 岁，但他与诺贝尔只见过两面，而且同样没有法律经验。诺贝尔选这两个人为自己的遗嘱执行人，很可能是因为他们为人正直，这种品质在诺贝尔其他同事和生意合伙人身上比较少见。和诺贝尔一样，索尔曼和利耶奎斯特都是长期漂泊在海外的瑞典人。诺贝尔曾对一位朋友说，他希望由瑞典人来管理自己的财产，因为"他遇见的大多数诚实的人都来自瑞典"。由于除了瑞典法律规定的小额生活津贴，诺贝尔没有留给亲人任何财产，因此他决定不让自己的家人参与遗产管理。两名管理人中，索尔曼的责任尤其大，这项遗产管理工作占据了他接下来五年中大部分时间，使

他不得不与各国政府、诺贝尔强大的家族以及诺贝尔选定的评奖机构进行长期而复杂的斗争和博弈。 179

　　由于遗嘱在合法性上存在的问题和形式上的随意性，诺贝尔构想的基金会从一开始就很难建立起来。他厌恶律师，尤其是在英国无烟火药案后，更不希望律师干预他处理个人遗产的事务，他在没有法律专家的情况下独自起草遗嘱，差一点让他的最后夙愿无法达成。他在遗嘱中所表达的意愿非常明确，语言也很精练，但许多地方都可以用多种方式解读，很多内容在合法性上存疑。首先出现的问题是诺贝尔没有在遗嘱中确定自己的居住地，而对他遗嘱的解读和遗产的管理都需要依据居住地的法律。他在遗嘱中明确表达了自己希望在瑞典执行该遗嘱的意愿，但根据惯例，遗嘱执行首先需要参考居住地法律，因此诺贝尔居住地的确定至关重要。对于诺贝尔这样居无定所的富人而言，居住地的确认极为复杂，他很难被视为任何国家的普通居民。他在瑞典写下遗嘱，指定两名瑞典人为遗嘱执行人，将遗嘱存放在瑞典，并要求瑞典的科学机构来评奖，但其他许多国家也有充足的理由认为他是本国居民。他在法国生活了18年，去世后在巴黎还拥有一套豪宅，但他在德国和苏格兰也有很大的房子。在离开人世前几年，他在圣雷莫的住所过冬，在瑞典的住所避暑。在送往斯德哥尔摩存放前，遗嘱的签字和见证人公证都在巴黎完成。如果他被认定为巴黎居民，那么遗产很大一部分将当作遗产税交给法国政府。而且，根据法国法律，他的遗嘱很可能被视为无效，这样一来，设置诺贝尔奖的想法将无法实现，缴税后剩下的资产将分给他的家人。

　　面对巨额遗产，人性复杂的一面展露无遗，诺贝尔家族的不同 180

支系都通过各自的运作试图让遗嘱失效。伯根格伦写道："这一切发展为错综复杂和情绪化的斗争，各种安排、观点、图谋和持久的诉讼混杂在一起，多个国家的金融、科学和法律专家都卷入其中。媒体对每个环节或肯定或否定的评论，给遗嘱执行人制造了更多的麻烦。他们两人只能勇敢地战斗下去，别无选择。他们身兼数职，既是各种方案的提议者，也是反对方的说服者，还是不同利益的调停者。"诺贝尔家族在瑞典的支系，即诺贝尔的哥哥罗伯特的后人，私下尝试将诺贝尔定为法国居民，这样遗嘱就将失去法律效力，让家族成员获得更多遗产。最终，索尔曼和利耶奎斯特在法律顾问卡尔·林德哈根（Carl Lindhagen）和欧洲其他国家多位法律专家的帮助下，解决了诸多难题，缓和了家族内部的矛盾。除了在瑞典的家族成员，索尔曼和利耶奎斯特还承诺低价将诺贝尔在诺贝尔兄弟石脑油公司（Nobel Brothers Naphtha Company）的股权卖给卢德维格的儿子伊曼纽尔（当时诺贝尔家族在俄国支派中辈分最高和最有影响力的人），以换取他对诺贝尔遗嘱的支持。当伊曼纽尔和诺贝尔家族在俄国的其他亲戚不再对遗嘱提出异议后，瑞典家族的亲戚失去了之前的气势。最终，阿尔弗雷德·诺贝尔成功被认定为瑞典居民。尽管瑞典对诺贝尔遗嘱的执行从此拥有司法管辖权，但遗产争夺的战斗仍在继续，直到瑞典继承人获得了一笔至今数目都没有公开的补偿金，他们才最终撤诉。

遗嘱执行中的另一个阻碍是成立负责管理基金和评奖事务的基金会，以及诺贝尔在遗嘱中指定的评审诺贝尔奖候选人的学术机构从未担任过如此神圣的角色，存在资质和经验上的不足。如何将资金注入一个还不存在的基金会？索尔曼和利耶奎斯特花了几年时间

才与各个机构达成协议，最终确定了如何补偿这些机构在完成相关
工作中付出的时间和费用。评选全世界最重要的作家和科学家是一
项艰巨的任务，评审专家必须学识渊博，熟悉各个研究领域的复杂
动向和深刻内涵，并有能力识别哪些发现能够对人类未来产生深远
的影响。当时，瑞典是一个人口仅 500 万的小国，拥有国际知名度
的作家和科学家屈指可数。负责评选文学奖的瑞典学院、评选化学
奖和物理学奖的瑞典皇家科学院及评选医学奖的卡罗林斯卡学院，
都缺少完成这项光荣使命的深厚学术基础和背景。更麻烦的是和平
奖，诺贝尔在遗嘱中将评选和平奖的责任交给了挪威议会。这个决
定激发起瑞典人的民族主义情绪，瑞典媒体因为这一条款而呼吁废
除遗嘱。伯顿·费尔德曼（Burton Feldman）在《诺贝尔奖》（*The
Nobel Prize*）一书中写道："1900 年的瑞典学院和挪威议会在多大
程度上有能力颁发诺贝尔奖？答案很明显：十分有限。"但这些机
构最终克服了重重困难，勇敢地接受了这一挑战。

　　另一项非常艰难的工作是将诺贝尔遍布世界各地的金融帝国所
拥有的资金集中到一起。所有的房产都要变卖成现金，然后运送到
瑞典。诺贝尔的资产分布在九个国家，每个国家管理地产和处置股
票的法规各不相同。在不记名债券的时代，世界上还没有可靠的国
际协议，无法进行电子汇款，所有资金都必须在现场收集后进行实
物运输。索尔曼描述了一段他在巴黎很有趣的经历：他从几家巴黎
的银行和诺贝尔住所取出大量汇票，将其装在手提箱里，然后拿着
箱子提心吊胆地走向瑞典总领事的办公室。他们唯一能为这些财产
购买的保险只有一天的有效期，因此他们不得不在短时间内多次往
返，运送价值数百万美元的汇票。索尔曼记录道："由于往返领事

181

182

馆有被扣留和抢劫的风险，为避免引起其他人的注意，我们采取了特殊的预防措施……将所有汇票装入手提箱后，我们坐上了一辆普通的马车前往领事馆。我手持一把上膛的左轮手枪，万一有人尝试通过撞击马车来发起抢劫，我将誓死保护手提箱。"从瑞典总领事馆到火车站的路上，索尔曼也保持高度戒备，直到这些物品被安全运送回瑞典。

最终，诺贝尔所有失去继承权的家人都得到安抚；学术机构也加入评选和颁发诺贝尔奖的伟大事业中；诺贝尔的巨额财产都在变现后被带到瑞典，投资到各种安全证券中。索尔曼和利耶奎斯特几年来处理诺贝尔遗产的工作终于接近尾声，似乎可以告一段落。但就在这时爆出一个令人震惊的消息，一位名叫苏菲·赫斯的女性提出了索要诺贝尔部分遗产的要求。原来她是诺贝尔 18 年来的秘密伴侣。如果不提供终身养老金，她将披露近 20 年来诺贝尔寄给她的有可能会令人尴尬的情书。后来，为了收回这些情书，执行人向她提供了一笔数额不明的钱款，诺贝尔基金会则一直保留着这些文件，就连传记作家们都无法看到，直到 20 世纪 50 年代这些文件才公之于世。1900 年 6 月 27 日，瑞典国王奥斯卡二世（Oscar Ⅱ）签署了创立诺贝尔基金会的文件，该机构接管了遗嘱执行人的资金管理职责。一年半后的 1901 年 12 月 10 日，在诺贝尔去世五周年的纪念日，第一届诺贝尔奖的五个奖项得以顺利颁发。

诺贝尔基金会的成立将诺贝尔炸药和军火帝国积累的财富引向一个全新的方向：促进社会进步和国家间的文明交往。然而，后来奖项的颁发也引发了许多争议。在诺贝尔奖因第一次世界大战而中断了几年的颁奖后，获得诺贝尔化学奖的是一位非常杰出且极具神秘色彩的德国化学家弗里茨·哈伯。他能够获得此项殊荣，是凭借他在诺贝尔从事的爆炸物研究领域取得的重大进展。但如果诺贝尔还活着，他一定会因为哈伯研究的实际应用情况而感到无比惊愕。1914 年至 1918 年的第一次世界大战，再次刺激了人类对爆炸物及其原材料的需求，也让全世界人的注意力再次投向遥远的智利海岸。

第九章

福克兰群岛海战：对全球硝石供应的争夺

为了让现有的烈性炸药工厂全部高效运转起来，我们需要从智利进口大约 78.8 万吨硝石，而之前我们达成协议的进口量只有 60 万吨。海军对水雷的大量需求，意味着我们需要更多的三硝基甲苯炸药（TNT），解决原材料短缺的问题已十分紧迫。

——温斯顿·丘吉尔，1917 年

　　1914 年 11 月 1 日，南半球一个春日的傍晚，在智利小镇科罗内尔（Coronel）附近波涛汹涌的海域，一支德国巡洋舰分舰队与一支规模相当的英国舰队意外相遇。双方就有利位置争夺了一段时间后，双方的"海上钢铁巨人"相互抵近，展开了一场激烈的海战。一幅关于这场第一次世界大战关键海战的油画，描绘了德国装甲巡洋舰"格奈森瑙"号在狂风巨浪中快速行驶的情景。在海浪的冲击下，船身出现剧烈倾斜，大量带有泡沫的海水涌向甲板。落日的余晖将天空的云彩全部染成橘红色。在大海上，入水的炮弹制造出一道道水柱，水面以上的船身冒着浓烟，表明这艘船已经被几枚炮弹击中。画面背景中的三艘英国舰船和四艘德国舰船也在用舰炮相互射击。在震耳欲聋的炮声和爆炸声中，这场战斗持续了几个小时，直到夜幕降临后，随着能见度的下降，双方才停止了攻击。这是第一次世界大战爆发三个月后的第一场大规模海战。

186

　　1914 年 8 月，在第一次世界大战刚爆发不久，德国在欧洲以外最强大的舰队东亚分舰队原本分散部署在南太平洋。这支分舰队的司令是来自德国南部贵族家庭的 53 岁的马克西米利安·冯·施佩（Maximilian von Spee）中将。在他的指挥下，德国在南太平洋的舰船很快在战争爆发后完成集结，整编为一支由七艘舰船组成的舰队。罗纳德·H. 斯佩克特（Ronald H. Spector）在《大战》（*The Great War*）中写道："冯·施佩的分舰队从第一次世界大战爆发之初就让英国非常头疼。关于这支神出鬼没的舰队的各种传闻，让整个远东和南太平洋地区的人们心神不宁。商船运输陷入混乱，很多船只停运。澳大利亚和新西兰的运兵船大量延误，或被迫改变航线。超过 20 艘英国和法国巡洋舰、澳大利亚皇家海军和新西兰海军的所有舰船以及大量日本海军舰船（日本在 8 月中旬加入协约国）都在搜寻冯·施佩的舰队。"随后，冯·施佩将两艘巡洋舰派往印度洋和南大西洋打击商船运输活动，剩下的五艘军舰，即"沙霍斯特"号和"格奈森瑙"号装甲巡洋舰以及"纽伦堡"号、"德累斯顿"号和"莱比锡"号轻型巡洋舰，则于 1914 年 10 月 14 日集结在复活节岛附近，舰队中还有六艘起辅助作用的蒸汽船。

这支补给和燃料充足的舰队，在一位英勇无畏和能力过人的指挥官的带领下，一路向东驶往南美洲。由于英国强大的舰队暂时不对其构成威胁，冯·施佩最初计划在南美洲一带攻击和劫掠商船，特别是那些从智利出发经巴拿马运河前往欧洲为英法等国运送硝石这一关键物资的船只。在过去半个多世纪里，智利硝石大量销往欧洲和美国市场，为这些地区农业和土木工程的发展提供不可或缺的物资。1914 年，硝石的战略意义进一步上升，成为这些地区军工生产的关键原料。大战爆发后，不管是大炮、步枪等武器所需的无烟火药，还是地雷等爆炸物，其生产都离不开硝石。第一次世界大战期间担任美国国防委员会主任的格罗夫纳·克拉克森（Grosvenor Clarkson）写道："海军中将冯·施佩穿过大西洋来到南美洲绝非偶然。一旦切断协约国的硝石供应，法国军队将陷入瘫痪。可以说，对协约国而言，损失一艘运输硝石的商船不亚于被击沉一艘军舰。"

离冯·施佩的分舰队位置最近的英国分舰队由克里斯托弗·克拉多克（Christopher Craddock）爵士指挥，该分舰队有五艘军舰。52 岁的克拉多克来自约克郡，是一位战功显赫的海军军官。他 13 岁就进入英国皇家海军，从最低级别的候补军官逐步升至海军少将。通过无线电截获到冯·施佩的分舰队可能前往智利袭击商船的情报后，英国海军部立即向克拉多克发送了多份模糊的电报，大致内容是命令他从南太平洋的驻扎地出发，绕过合恩角，沿智利海岸向北巡航至瓦尔帕莱索一带，寻找神秘的德国分舰队的踪迹。克拉多克分舰队的主要舰船包括旗舰"好望角"号装甲巡洋舰、年久失修的"蒙茅斯"号装甲巡洋舰、火力强大的"格拉斯哥"号轻型巡洋舰，以及由商船改装的"奥特朗托"号辅助巡洋舰。在舰队后方 300 千米处为运煤船护航的是速度更慢、舰炮更落后的"克诺珀斯"号无畏舰，船上大多是未经过训练的预备役人员和新兵。克拉多克之所以让这艘军舰远离舰队，是因为他认为其最高航速不到 12 节，会影响整个舰队的机动性。

在缺少"克诺珀斯"号无畏舰支援的情况下，克拉多克指挥的这支实力弱于德国的舰队开始沿着南美洲大陆向北航行。10 月 31 日，他们突然侦听到德国"莱比锡"号的无线电信号，于是克拉多克下令舰船呈一字排开，扩大对德国舰队的搜索范围，继续沿海岸向北前进。他预计，为了袭击商船，冯·施佩的舰队分散在北至加拉巴哥岛或巴拿马运河的沿海海域，但万万没想到，德国的舰队已经提前完成集结，做好了迎击的准备。原来，就在几天前，冯·施佩从德国谍报人员那里获得英国军舰正沿着智利海岸向北航行的消息。于是他决定集中兵力，各个击破英国单独行驶的舰船。他在日

188

志中写道："鉴于敌方在沿岸海域存在强大军力，我方分舰队无法继续执行袭击商船的任务。因此，我方调整计划，当前目标是歼灭敌方的作战力量。"

尽管在情报支持下冯·施佩已经知道克拉多克的分舰队的大致方位，但由于 11 月 1 日在科罗内尔海域只截获到"格拉斯哥"号轻型巡洋舰的无线电信号，冯·施佩以为即将与德国舰队发生海战的只有一艘英国军舰。他不知道英国分舰队的具体实力，也没想到敌方会组成编队巡航。当时的无线电技术还处在起步阶段，很难作为对战场态势进行准确预测的依据。而且由于当时还没有雷达设备，通过技术手段获取的无线电通信片段并不完全准确。但冯·施佩非常机敏，他立刻下令所有巡洋舰关闭无线电设备，只保留"莱比锡"号上的无线电设备正常工作，营造这艘船独自在海上航行的假象。如果克拉多克意识到自己面对的是集结在一起的整支德国分舰队，他大概就不会发起攻击，至少会等"克诺珀斯"号无畏舰加入编队后再开始行动（当然，"克诺珀斯"号非常陈旧，航速很慢，武器也很落后，它加入战斗能否有助于舰队也值得商榷），或选择避开德国舰队，等待支援。

当德国分舰队向"格拉斯哥"号迫近时，后者发现了敌方舰船冒出的烟柱，并侦测到对方多艘船只之间的通信，于是迅速后退，并立即将这一情况汇报给克拉多克。这时，双方都知悉对方的存在，于是在 11 月 1 日下午排成战斗队形，做好海战的准备。克拉多克尝试先发制人，因为当时太阳还没有落下，德国舰炮手迎着阳光很难瞄准本方舰船。但德国舰船的速度更快，经验丰富的冯·施佩下令舰队后退到英国舰船火力范围以外，拖延开战时间，直到太阳落下，余晖仅能照亮英国舰船，而德国舰船则躲藏在黑暗中。凭借有利的光线条件，德国舰队的优势十分明显，而且德国舰队的实力本来就优于英国，其舰船的现代化程度更高，速度更快，火力更强，船员受过的训练也更专业。德国舰船单次舷侧齐射时的弹丸投射重量是英国的两倍，而且火炮的射程更远，射速更快。

这场海战很快就结束了，结果很明显。随着夜幕的降临，一切都结束了。晚上八点不到，黑暗的天空下可以看到英国舰队旗舰"好望角"号被炸毁后的火光。乘坐"格拉斯哥"号轻型巡洋舰匆忙逃离战斗现场的英国海军中尉赫斯特（Hirst）惊恐地目睹了这一过程，他记录道："'好望角'号甲板以上部分被全部炸毁，只剩下低矮的船体，发出暗红色的火光，但随着距离越来越远，很快就什么也看不见了。""好望角"号上的船员在沉船之前全部阵亡，没有幸存者复述沉船的具体过程，但可以推断，这艘船在受到炮击后很快就沉没了。英国舰队中另一艘舰船"蒙茅斯"号装甲巡洋舰也燃起了大火，被德国巡洋舰几枚炮弹击中后，巨大的船体被炸裂，海水很快灌进来，船体倾斜着沉入冰冷的海水中，在完全入水前，英国的国旗还在迎风飘扬。此外，"格拉斯哥"号也严重受损，与武装商船"奥特朗托"号一起狼狈地消失在黑暗之中。

冯·施佩的舰队损失很小，英国则损失了两艘装甲巡洋舰，舰上的船员要么被炸死，要么淹死在南太平洋冰冷刺骨的海水中。在这场海战中，英国阵亡将近 1600 人，包括克拉多克和两艘巡洋舰上的其他军官。遭到重创的"奥特朗托"号武装商船和"格拉斯哥"号轻型巡洋舰迅速向"克诺珀斯"号无畏舰的方向开去，通知后者不要继续向前航行。面对实力更强的德国舰队，英国舰队剩下的二艘舰船只能绕过南美洲南端，逃到大西洋的福克兰群岛进行重新编队。这是英国皇家海军一个多世纪来首次遭遇如此惨败，使英国失去了南美洲西海岸的制海权，也让德国暂时控制了全球的硝石供应。

与此同时，冯·施佩率领他的舰队来到智利的瓦尔帕莱索进行补给。虽然智利在第一次世界大战期间是中立国，但根据当时的战争规则，作战舰船在中立国补给和装载煤炭的时间不得超过 24 小时。在智利，规模较大的德国社团热情地迎接了冯·施佩的到来，称他为民族英雄。凭借这场战争，德国东亚分舰队的军官获得了300 枚铁十字勋章。在智利期间，127 名当地水手志愿加入了德国分舰队。此外，冯·施佩还会见了德国驻智利大使和总领事，从他们那得知了最新的战况和海上形势。他被告知，敌方军舰正在太平洋、西印度群岛和南大西洋地区集结。有人还建议，他应当趁着现在的机会"快速突破封锁回到德国"。冯·施佩大概清楚自己已经上了英国海军的死亡名单，英国不可能在经历了这样的惨败后不采取报复措施。科罗内尔海战后，一支英日联合舰队从加拉巴哥岛向南航行，尝试封锁冯·施佩向北逃离的路线；英国和澳大利亚的军舰守在南太平洋，等待冯·施佩的到来；部署在加勒比海地区的英国和法国军舰也处于高度戒备状态，伺机在德国舰队通过巴拿马运河时给其致命一击。冯·施佩并不清楚敌方舰队的部署位置，也不知道他们的实力，但常识和直觉告诉他，这次针对他的舰队实力绝不会弱，他难以重复上次的胜利。

虽然冯·施佩知道自己必须离开长期活动的南美洲，但在接下来的一个月，他的舰队仍停留在智利海岸一带。由于他的存在，当

191

地的商业航运几乎陷入停滞。历史学家威廉斯·海恩斯（Williams Haynes）在《第一次世界大战时期的美国化学工业：1912—1922》（*American Chemical Industry：The World War Ⅰ Period，1912 - 1922*）中写道："冯·施佩全面控制智利海岸期间，英国货物无法购买运输保险，硝石运输基本中断。"为了在春季拥有充足的肥料，大部分硝石订单都在前一年完成，在秋季进行运输，但由于人们害怕货船被游荡在附近海域的巡洋舰袭击或劫掠，几乎所有的货物都被积压在港口。但一个月后，冯·施佩的舰队放弃了袭击商船的计划，离开了商船的航道，向南边的合恩角开进，试图进入大西洋。由于当时媒体和通信还很不发达，智利的商船船主无法得知这一好消息，商业运输并没有很快恢复。

远离母港，弹药不足，同时附近缺少德国其他船只的支援，冯·施佩所拥有的选项非常有限。意识到该舰队所面临的后勤困境，德国的帝国海军部通知冯·施佩停止巡洋舰作战方案，寻找机会尽早回国。由于缺少补给煤炭的基地，他不得不让七艘满载煤炭、航速极慢的运煤船跟随舰队航行，并与一些同情德国的当地商船秘密会合，在不被英国发现的情况下获得煤矿等物资的补给（当时的巡洋舰由原始蒸汽机驱动，耗煤量极大，在海上每周都要补给一次燃料）。11月末，冯·施佩故意在马斯奥拉岛留下一艘小型补给船，营造整支舰队都在附近海域活动的假象，然后率领五艘军舰和运煤船向南行驶，于12月6日绕过合恩角进入大西洋，再次面临航线选择问题。

192

英国海军在科罗内尔海战中大败的消息以电报的形式从瓦尔帕莱索传到伦敦，并很快得到亲历过海战的"格拉斯哥"号轻型巡洋舰无线电通信的印证。英国海军部承受巨大压力，舆论一片哗然，公众对此也极为愤慨。人们不禁质问：皇家海军怎么会遭受如此屈辱的失败？谁应当对此次行动负责？海军部为什么命令舰船在级别和性能上处于明显劣势的分舰队进攻德军？更让英国人难以接受的是，冯·施佩的舰队几乎完好无损，仍然在海上不断移动，未来可能使英军遭受更大的损失，进而冲击英国海军部的威望。目前很难找到关于当时英国政府讨论硝石运输受阻问题的记录，但考虑到战争才爆发几个月就出现的弹药短缺现象，这应该是一个非常严峻的问题。1600 名军人在海战中阵亡，这的确是非常惨烈的损失，但他们大多是预备役人员，被击沉的两艘舰船也是老旧的巡洋舰，在英国的战略大棋局中意义有限。科罗内尔海战的影响主要在于对英国人心理造成巨大打击。因此，歼灭冯·施佩的分舰队成为当时英国的重要目标，冯·施佩本人也很可能知道这一点。11 月 2 日，当他即将离开瓦尔帕莱索时，一位女性向他献花，祝贺他刚刚取得的胜利。据称，冯·施佩回答道："谢谢。这些花放在我的墓碑前一定非常合适。"

科罗内尔海战结束几天后，40 岁的英国海军部第一海军大臣温斯顿·丘吉尔和 73 岁的第一海务大臣、原海军元帅约翰·费舍尔（John Fisher）男爵举行会晤，筹划开展报复性远征行动。英国人判断冯·施佩强大的分舰队未来可能会选择以下几条路线，并制订了周密的针对性计划。第一，冯·施佩可能北上驶往巴拿马运河，继续之前的破坏商船运输的行动，在穿过运河后，他可能会在加勒比海继续袭击商船；第二，他可能向西航行，在南太平洋地区骚扰商船和运兵船；第三，他可能向西前往南非，支援当地亲德反

1914年11月科罗内尔海战后，德国海军中将冯·施佩出现在瓦尔帕莱索的照片。在这场海战中，冯·施佩战胜了克里斯托弗·克拉多克少将指挥的英国舰队，使德国暂时控制了南美洲海岸附近的制海权，并中断了智利硝石在当年秋季的运输。

任务，被迫在他可能出现的区域集结。冯·施佩指挥的五艘巡洋舰和几个月前派出的两艘巡洋舰牵制了敌方五倍军力的海军力量，大幅减轻了德军在北海和地中海等关键冲突地区的压力。军事历史学家约翰·基根在《战争中的情报》（*Intelligence in War*）中评论道："这一力量对比对德国带来的战略收益非同小可。"

194

对英国而言，投入大量军力消灭这支攻击商船的舰队是正确的选择，既可以解除其对大量船只构成的威胁，更重要的是还可以恢复英国对航线无可争议的控制权，确保硝石、农产品和其他原材料的安全运输。英国在全球有将近 9000 艘船只，是有史以来全球最大的海上商业帝国，而伦敦作为全球最大的电缆枢纽，成为整个世界的金融中心。当时大部分国际贸易活动都离不开英国公司、英国商船和英国银行发放的贷款。作为最大的航运国家和全球贸易网络的主要参与者，英国也是冯·施佩舰队袭击商船行动的最大受害者。由于这支舰队的存在，从美国西海岸和亚洲出发、经巴拿马运河的贸易活动严重受阻。更糟糕的是，智利硝石的运输几乎中断，而运送这一关键物资的商船中，60％为英国船只。如果冯·施佩舰队进入大西洋，还将威胁到从阿根廷到英国的牛肉产品的运输。

丘吉尔和费舍尔新组建的英国舰队拥有一项光荣的使命，那就是追捕冯·施佩，雪洗英国在科罗内尔海战中的耻辱，重塑皇家海军的伟大形象，恢复英国在南大西洋和南太平洋的制海权。这支舰队由六艘军舰组成，包括"无敌"号和"不屈"号两艘战列巡洋舰，"康沃尔"号、"肯特"号和"卡纳芬"号三艘装甲巡洋舰以及"布里斯托尔"号轻型巡洋舰。英国判断冯·施佩最可能前往的地方是福兰克群岛。于是，这支拥有先进巡洋舰和训练有素的士兵的舰队，在海军中将道维顿·斯特迪（Doveton Sturdee）爵士的指挥下在南美洲拉普拉塔河出海口附近集结，经历过科罗内尔海战、刚刚被修好的"格拉斯哥"号轻型巡洋舰也被编入该舰队。随后，这支舰队沿着南美洲东岸向南开进，在东福克兰岛的斯坦利（Stanley）港与"克诺珀斯"号无畏舰会合。接下来，他们开始静待关于冯·施佩舰队的情报，随时准备展开追捕行动。殊不知，冯·施佩很快就会主动送上门来。

冯·施佩连一艘货船都没有击沉，就因为后勤保障问题而不得不放弃袭击商船的行动，也许这让他感到非常沮丧和愤怒；又或许，他希望在回到德国本土前取得最后一场胜利。不管出于何种原因，冯·施佩不顾其他军官的反对，决定进攻福克兰群岛的斯坦利港，并计划在控制港口后，为舰队补给煤炭，然后烧毁剩下的煤炭储备，摧毁岛上的无线电站，俘虏当地总督。至于完成这些任务之后下一步的行动计划，一直是一个谜。毕竟，德国舰队很难通过英国控制的航道返回德国，而且他已经通过船上的无线电信号得到来自德国的消息：德国海军其他舰队无法在他的舰队行驶到北海时提供支援。也许，他计划在袭击斯坦利港后向南折返到智利，或继续向北航行至阿根廷拉普拉塔河附近袭击英国商船。不管他下一步的计划是什么，进攻福克兰群岛都是基于错误情报的错误决策。根据他通过不稳定的无线电通信和在合恩角附近遇到的一艘同情德国的船提供的最新情报，12 月 6 日当天停泊在斯坦利港的只有"克诺珀斯"号这一艘老旧的英国军舰。由于还在维修当中，这艘军舰处于搁浅状态，只能利用舰炮守卫着港口的入口。冯·施佩猜测许多英国军舰都在非洲或拉普拉塔河附近，但他没有想到，英国一支分舰队就部署在斯坦利港。12 月 7 日，四艘向北航行的德国军舰即将与英国舰队发生一场重要的海战，这场战争不仅决定了德国军舰的命运，也决定了未来许多年英国对全球硝石供应的控制。

　　基根在《战争中的情报》中指出："冯·施佩之所以会判断失误，可能是因为他在海上的时间太久，一直孤独地指挥着自己的舰队。"如果他考虑得再仔细些，就会发现进攻福克兰群岛的意义十分有限，这个考虑不周的计划将"导致整个德国东亚分舰队的覆灭"，"其失败的方式与之前他们战胜克拉多克海军少将指挥的舰队的方式如出一辙"。道维顿·斯特迪率领英国舰队南下时，下令所有舰船关闭无线电通信设备，舰队于 12 月 7 日到达斯坦利港，比在合恩角附近向冯·施佩提供情报的船离港晚了不到两天。12 月 8 日，当德国巡洋舰毫无防备地向北推进时，很快被英国舰队发现。英国军舰随即凭借火力优势对德国军舰展开追击。战争很快结束，英国舰队几乎没有任何损失，将近 2000 名德国水手战死或溺水而亡，包括冯·施佩和他的两个儿子。德国舰队中只有"德累斯顿"号轻型巡洋舰向南逃离到阿根廷和智利海域，但几个月后，这艘船在科罗内尔海域被击沉。根据德国指挥部的判断，冯·施佩的舰队在海上孤立无援，难以进港补给，迟早会被俘虏或摧毁，但没想到他会以如此无意义和屈辱的方式失败，让之前取得的胜利变得黯然失色。

德国巡洋舰在福克兰群岛海战中被摧毁后，协约国士气大涨，英国皇家海军的威望得以恢复，德国海军在科罗内尔海战中取得的战果荡然无存。丘吉尔后来评论道："在这场海战后，我方的形势得到全面缓和。我们的公司，不管是军工企业还是商业公司，终于可以不受任何阻碍地开展贸易活动。海战结束不到 24 小时，20 多艘英国军舰就接到返航的命令，回到之前的任务区。经历长时间的资源和人员短缺之后，我方部分级别的舰船、专业人员以及各种海军补给用品第一次出现过剩。"在战略上，这场海战并没有实质性地改变英德海军力量的对比，对欧洲大陆军事行动的影响也有限，但凭借这场战争，协约国在德国 1917 年初发动无限制潜艇战之前有效控制了南美洲和全球贸易航道。福克兰群岛海战在心理层面的影响远大于实际层面，有助于协约国有效实现对德国的封锁。

对德国的海上封锁与一个世纪前封锁拿破仑时期法国的目的相似，那就是使德国工业因缺少关键原材料而无法正常运转，让德国民众和军队无法进口国外的粮食与食品，并切断德国与其殖民地以及中立国之间的交通和商贸关系。英国《敌国贸易法》将任何与德国开展贸易或接受德国公司投资的船只视为合法军事目标，有效切断了原材料和制成品运往德国的运输线路。例如，根据这项法律，智利硝石公司的船只有义务在海上接受搜查，一旦发现这些硝石是运往德国或德国盟国，英国有权没收所有货物。同样，英国公司也被禁止向德国提供服务，哪怕是在中立国。例如，英国控制的铁路系统不得为德国在智利的硝石公司提供运输服务。类似于拿破仑时代，在第一次世界大战期间，英国利用大量船只控制世界航道，尤其是从英吉利海峡、北海和地中海通往欧洲的海上通道。海军历史学家托马斯·G. 弗罗辛汉姆（Thomas G. Frothingham）写道："通过对世界关键航道的控制，协约国从一开始就可以利用这种有史以来最高效的交通方式为自己的军队运送人员和物资，为本国各个行业，尤其是造船业，提供各种必需品。不仅如此，他们还可以自由进入中立国，充分利用其中农业和工业生产国的各种优势，毕竟，这些国家不但有廉价劳动力，还没有受到战争牵连。另一方面，同盟国就没有这么幸运了，完全不具备这些优势。"海上封锁导致德国在战争期间基本无法获得来自智利的硝石。对任何高度依赖硝石资源的工业化国家而言，一旦失去这种关键资源，农业产量就会大幅下降，弹药储备也难以得到补充。在这种情况下，任何国家都无法承受住现代战争的考验。

在第一次世界大战爆发前的几年，德国是智利硝石最大的进口

198

国，其每年进口量占到智利年产量将近 40%。1912 年，德国进口了 911962 吨智利硝石。德国超过一半的硝石需求都依赖进口，其进口量是美国的两倍、法国的三倍和英国的七倍。尽管德国对智利硝石的依赖度比其他国家高，国内工业和农业都离不开这一关键物资，但德国在战前并没有提前加大硝石储备量。在战争初期进攻比利时期间，德国在安特卫普缴获了 2 万吨硝石，但很快被消耗殆尽，引发了德国国内对战略物资短缺问题的高度担忧。

不仅德国如此，英国和法国也没有在战前充分做好硝石供应方面的准备。当时人们普遍认为战争不会持续太长时间，因此没有在硝石等原材料供应上制定紧急应对方案。在战争爆发后最初几个月，双方的炸药消耗量惊人。化学家兼历史学家 G. I. 布朗评论道："在新沙佩勒战役爆发后前 35 分钟的弹药使用量，比整个布尔战争中使用的还要多。"新的战争形式强调大型迫击炮、炸弹和地雷的使用，因此，相对于以前的冲突，现代战争对硝石这一制作爆炸物必不可少的原料消耗量更大。由于规划上的失误和从世界另一端运输关键原材料的后勤困难，英国的硝石短缺问题在 1915 年初就暴露得非常明显。

199　　战争爆发后前两年，英国军队极度缺乏火炮弹药和烈性炸药，这间接造成成千上万名士兵死亡，削弱了许多军事计划和行动的效果。G. I. 布朗写道："在战争初期，英国的烈性炸药库存少得让人觉得可笑。德国平均每周使用 2500 吨 TNT，而英国平均每周 TNT 和立德炸药（Lyddite）的总产量不过 20 吨。"英国欧洲远征军总司令约翰·弗伦奇（John French）伯爵长期呼吁政府为他的军队提供性能更好、威力更大的爆炸物。1915 年 5 月，他在奥伯斯

1914年12月福克兰群岛海战后，英国"不屈"号战列巡洋舰打捞来自德国"格奈森瑙"号装甲巡洋舰的幸存者。

岭战役后抱怨道："尽管我们一再提出要求，但我们只有不到8％的炮弹属于高爆弹，而且我们用于为发起进攻的其他兵种提供火力掩护的火炮只能发射 40 分钟……在观察奥伯斯岭的战况时，我清楚地看到敌我双方在火炮能力上的差距，我方在一次又一次的进攻中无功而返。我认为，炮兵支援的不足，导致我方人员损失增加了一到两倍。"大卫·劳合·乔治（David Lloyd George）在《战争回忆录》（*War Memoirs*）中引用了几封前线战士的信。一名士兵在信中写道："我们只能静静地坐在战壕里，等待德国的高爆弹把战壕炸成碎片。"另一名士兵写道："看到这样的场景着实让人心碎：那些人一个接一个在进攻中受阻，他们奋力挣扎，最后因为体力不支而像湿抹布一样倒下。为什么会这样？因为我方缺少足够的高爆弹摧毁敌方的铁丝网，没法让我们的战士迅速接近敌人。"到 1915 年

200

5 月 26 日，赫伯特·阿斯奎斯（Herbert Asquith）领导的自由党政府因为弹药短缺的丑闻而垮台，十天后被新的联合政府取代。新政府立即成立了负责提高烈性炸药产量和从智利进口更多硝石的军需部，劳合·乔治和温斯顿·丘吉尔先后担任部长。在第一次世界大战期间，英国、法国、意大利以及后期美国对智利硝石的巨大需求——进口量从 1914 年 184.7 万吨上涨到 1918 年的 291.9 万吨——不仅填补了智利因失去德国市场导致的缺口，还让智利硝石出口量再创新高。

尽管英国拥有全球制海权，并有效封锁了德国海岸，但协约国的硝石供应从未完全得到保障。当时用于运输硝石的舰队包括 105 艘蒸汽船和 23 艘帆船，数量是战前的两倍，以满足战时对硝石的巨大需求。1917 年初，德国潜艇在英吉利海峡和法国沿岸击沉了几艘货船，导致法国在德国即将发起的春季攻势前出现严重的硝石短缺。法国要求紧急运输 7.5 万吨硝石，以解燃眉之急，但英国只能部分满足这一要求。美国海军向法国提供的 1.2 万吨硝石被装载到一艘运输船上，但该船在船队运输途中遭到袭击而受损，不得不返回港口。威廉斯·海恩斯还提道："另一艘运输硝石的船在哈利法克斯（Halifax）港异常起火，很可能是人为所致。"情急之下，美国战争工业委员会的硝石资源部门在巴拿马运河紧急征用了一艘船，在法国火药工厂马上面临停工的关键时刻，将原本属于美国农业部的 4.2 万吨智利硝石横穿大西洋运送到法国。与此同时，在智利硝石产地，以及瓦尔帕莱索、安托法加斯塔和伊基克等港口，在德国资助下，一些煽动者组织发动的劳工骚乱也短时间影响到全球硝石供应。

1917 年 4 月，美国参战，加入英国、法国和意大利的协约国一方，这对硝石供应和运输能力提出更高的要求。一方面，成千上万被运往大西洋彼岸的士兵需要携带和消耗大量弹药；另一方面，美国农业部门也需要生产更多的农产品用作军粮，这一切都离不开硝石。几个月前，许多投机者认为美国参战的可能性非常大，而且他们预计，美国一旦宣战，硝石的需求会大幅增长。于是这些投机者开始大量囤积硝石，试图谋取高额利润。果然，美国参战导致硝石价格飙升，1917 年 4 月，硝石的现货价格上涨到每磅 7.5 美分，涨幅达到惊人的 300％。这一方面是因为投机者在疯狂购买，另一方面是因为法国和英国采购商担心硝石短缺而加大了采购量。美国战争工业委员会原材料部负责人伯纳德·巴鲁克（Bernard Baruch）和他的技术顾问莱兰德·萨默斯（Leland Summers）意识到稳定硝石价格的重要性。为了控制硝石价格，防止投机者扰乱市场，他们设计出一个大胆的限价机制。

他们放出消息让人们得知，为完成美国政府合同而从事生产的军火商能以每磅 4.5 美分的低价购入硝石。由于价格得到政府的担保，军火生产商终于松了口气，停止参与对硝石的竞标，商品价格很快稳定下来。这项政策让那些希望迅速获利的投资者和希望价格越高越好的智利硝石生产商忧心忡忡，但他们好奇的是，美国战争工业委员会原材料部如何获取低价硝石。难道他们发现了新的硝石产地？化学家研发出人工合成硝石的方法？如果真是如此，他们将蒙受巨大的经济损失。实际上，巴鲁克和萨默斯自己也不知道从哪能获得廉价硝石来履行政府承诺，但他们运气很好。原来，智利政府在柏林存放了大约价值 1700 万美元的金条，用于维持智利纸币

202

的汇率。这时的智利为了继续增加国外采购，希望能取回这批黄金，但遭到德国拒绝。美国海军情报官员截获了智利国内讨论这一问题的部分对话，于是美国通过外交途径告知智利，德国拒绝归还黄金的行为，为智利没收其境内德国企业大量硝石储备提供了合法理由。当时，德国硝石精炼厂在智利囤积了大约 23.5 万吨硝石，但这些硝石无法卖给同盟国或中立国，因为根据英国的《敌国贸易法》，这些德国在智利的企业无法从印度购买专门装硝石的黄麻袋，也无法利用英国控制的智利铁路运输这一物资。因此，美国提出用自己的金条来购买智利政府没收的德国硝石。

刚从英国海军部调到军需部的温斯顿·丘吉尔，很快着手为美国协调用于运输这批硝石的黄麻袋和火车。几个月内，这批征收来的硝石就被运送到美国，美国也如期将金条交给智利。丘吉尔与巴鲁克达成一致意见后，英国也公开宣布，在巴鲁克和美国战争工业委员会以远低于市场价的价格销售用于完成美国政府订单的硝石期间，英国将暂时退出硝石市场，不参与竞标。美国政府向企业出售这批硝石的价格只略高于他们付给智利政府的进货价，这让投机者非常恐慌，以为市场上硝石出现严重过剩，于是开始大量抛售之前囤积的硝石，导致硝石价格迅速回归正常。巴鲁克和丘吉尔通力合作成功控制硝石价格的案例，让人们意识到，过去随意的采购方式极易受到价格波动的影响，难以满足战时需求。巴鲁克在《战争中的美国工业：战争工业委员会报告》（*American Industry in the War：A Report of the War Industries Board*）中写道："有必要消除这种过于随意的竞争性采购制度。"更具体地说，协约国应当通过在硝石采购上的垄断，来对冲智利对硝石生产的垄断，防止竞标过程导致价格上涨。1917 年 12 月，法国、意大利、英国和美国成立国际硝石执行委员会，其办事处设在伦敦。该机构的职责是为协约国购买智利硝石，并根据需求平衡各国的硝石储备。同时，为了减少市场价格的波动，稳定硝石这一关键原材料的供应，各国采用统一价格进行支付。国际硝石执行委员会在稳定硝石战时供应上发挥了一定作用，但遥远的智利毕竟是这种资源的唯一产地，很难从根本上解决这个问题。在战争最后的几个月，协约国始终在担心运输船被击沉，位于智利的精炼厂被人蓄意破坏，或智利政府突然停止硝石出口（最后一点的可能性很小，一方面智利在财政上完全依赖硝石收入，另一方面中断发货会被协约国视为宣战行为）。

为了形成工业规模，智利硝石的挖掘和提纯需要得到大量投资，还需要进口煤炭等外国商品。因此，智利硝石产业主要由外资尤其是英国公司控制，这些公司从双向贸易中谋取高额利润：一方面向智利出口煤炭和其他制成品，这些产品占智利进口总量的40％；另一方面将近 60％的智利产硝石运往欧洲和美国。在整个19 世纪和 20 世纪初，智利出口的硝石量稳步增长，从阿尔弗雷德·诺贝尔去世的 1896 年至 1913 年，智利硝石的出口总量增长了一倍多，达到惊人的 273.8 万吨。智利硝石出口满足了全球三分之二以上的硝石需求，由此产生的税收覆盖了智利全国 60％以上的财政预算。然而，智利政府毫无节制地挥霍这些看似取之不尽用之不竭的资金，用于修建各种宏大的公共建筑、铁路、纪念碑、公路和港口，并用来支持当时新兴的公共服务业。智利对硝石收入的依赖程度不亚于英国、法国和美国在战时对这一物资本身的依赖。

204

然而，1918 年 6 月，一家德国硝石公司在智利对一家英国进口公司提起诉讼，要求追回因《敌国贸易法》而未依据合同完成交付的燃料油，当地亲德的法院宣判德国公司胜诉，并颁布了禁止英国商人在履行完与德国硝石公司合同前向其他国家出售燃料油的强制令。由于当时燃料油已经取代代燃煤，成为智利硝石提炼厂的主要燃料，这项强制令的颁布意味着所有协约国控制的提炼厂可能面临长达数月的停产。对协约国而言，幸运的是，当时智利所用的燃料油主要来自美国的加利福尼亚州。在美国战争工业委员会的领导下，当美国油料公司向智利发出停供燃料油的威胁时，智利政府迅速介入，宣布法院之前的强制令无效。

协约国一直担心出现类似突发政治干预，虽然后来没有再发生，但当时人们无法预知这一点。由于智利政府迫切希望实现利润最大化，获得稳定的外汇收入，同时又对智利国内的德国利益集团心存同情，许多智利人属于亲德人士，因此，智利与协约国之间一直存在激烈的权力博弈，智利有时不惜实施极为冒险的边缘政策。对美国、英国和法国而言，打破智利硝石垄断地位的唯一方式是研发出合成氮的生产方法。第一次世界大战末期，为了实现氮资源自给，很多国家都在相关实验上进行了大量投入。作为现代武器中必不可少的化学元素，商业硝石供给完全依赖于其他国家的天然储备，这成为协约国作战计划中的一个致命弱点。格罗夫纳·克拉克森在战后写道："如果这些运输货物的蒸汽船不能源源不断驶向协约国的港口，美国向末日战场输送再多的人和武器都没有意义。"他还提道，美国战争工业委员会一直担心硝石供应问题，"生怕遥远的智利沙漠或大洋上发生的某个事件会影响到战争的最终结果"。

威廉斯·海恩斯写道："在整个战争期间，美国农民被呼吁致力于解决欧洲的粮食问题，但美国人自己也长期存在关键农作物短缺的问题，而且同样由于缺少硝石，在一段时期还出现过弹药短缺，导致前线的本国军队陷入危险局面。在每一个协约国的会议桌上，硝石不足的问题都如同班柯的鬼魂①一般，左右着人们的决策。"但德国的情况就完全不同了。一些历史学家认为，德国在发现了安全和无限的氮来源后才决定发动战争。这种观点可能高估了德国军队高官当时在政治圈的影响力，很多人也提出了反对意见，但不可否认，德国实现合成氮这项伟大科学发现的时间点，的确与战争爆发的时间非常接近。

---

① 出自莎士比亚著名戏剧《麦克白》，麦克白将自己的朋友班柯杀死之后，他的鬼魂突然出现在宴会上，只有麦克白才能看到，让他受到惊吓。后世的文学批评家将班柯的鬼魂视作麦克白内心的恐惧的象征。——编者注

第十章

化学战之父：弗里茨·哈伯改变世界的重大发现

> 在和平时期，人属于全世界，但在战争时期，人只属于自己的祖国。
>
> ——弗里茨·哈伯，1916 年

在取得自己人生中最伟大科学成就之时，弗里茨·哈伯已经是一个矮胖的秃顶男人。他戴着显眼的圆形黑框眼镜，留着整齐的小胡子，脸上深深的皱纹让人感觉他时刻保持着严肃的表情。在照片和画像中，他总是拿着一根点燃的大雪茄，据说当他全神贯注工作时，雪茄经常被放在实验室工作台上自然燃烧。作为一名科学家，他在自己的研究领域有极高的造诣和很大的野心。单纯通过肖像和照片，人们很难看出他同时拥有极强的表演和创作天赋，是一位业余戏剧作家。第一次世界大战期间，与他共事的一位军官习惯穿戴马刺在办公室里走来走去，这让哈伯觉得很好笑。一天，他对这位军官说："迅速骑上你的战马，到隔壁办公室帮我取份文件。"哈伯是一个有些高深莫测、让人捉摸不透的人，但实际上他非常善于社交，热衷于参加讲座和表演等公众活动。他知识渊博，才华横溢，精通多种语言，对文学和艺术也有广泛涉猎。当然，他最大的特点是极强的好胜心和对权威的绝对服从。他在科学领域一向追求卓越，从不退而求其次。

他长期在实验室工作，在家的时间很短。他有时会就学术问题与人进行激烈的辩论，有时又喜欢进行安静的沉思和自省，两种状态形成鲜明的对比。他对家人的态度比较强势，所以婚姻不太幸福，后来以悲剧告终。他强迫自己的长子放弃法律，学习化学。虽然他算不上一位理想的丈夫和父亲，但在科学界，同事们都非常尊重他，也乐于与他相处。他是一位极具洞察力和同情心的导师，深受学生爱戴。在战争前后，不少世界各地的学者不远万里来到德国寻求他的指导。从一幅描绘他在战争期间身着军装的素描中，可以看出他是一个拥有强烈责任感、忠诚感和爱国情怀的人。他在战争期间的行为让自己成为德国的民族英雄，但在国外却成为众矢之的。1919 年，他因为一项杰出的科学发现而被授予诺贝尔化学奖。与爆炸物发展史上其他重大发现一样，哈伯的科学研究为人类带来了一种强大的工具。人们既可以将之用于建造，也可以用于毁灭；既可以用于创造生命，也可以用于终结生命。由于这种矛盾性，他的获奖从一开始就饱受争议。1934 年，他在流亡途中孤独地死去。很多年后，人们对他的评价仍然十分复杂，褒贬不一。

哈伯 1868 年出生于普鲁士的布雷斯劳（Breslau），是一个犹太化学品批发商的长子。他们家的生意做得比较大，主要经营天然染料、油漆以及其他化学品和药物。在那个化学家群星闪耀、重大化学突破接踵而至的时代，哈伯选择踏上这条看似不可能的道路，并最终成为德国最伟大的化学家之一。哈伯幼年的生活并不顺利，他的母亲在难产中去世，他从小由亲戚抚养，直到父亲再婚，才回到父亲身边，后来有了三个同父异母的妹妹。整个童年时期，他都享有优越的生活条件，可以尽情追求自己的兴趣，对语言、戏剧和文学表现出极大的热情。在多次家庭旅行中，他游遍了欧洲各地。在家人的鼓励下，他养成了随时随地进行学习和探索的习惯。1886 年，哈伯被柏林大学录取，最初课程涉及的学科范围十分宽广，但他很快对化学产生了浓厚的兴趣。由于没有任何经济上的顾虑，结束了第一个学期的学习后，他就来到海德堡大学，在那里专攻化学和物理。在罗伯特·本生（Robert Bunsen）教授的鼓励下，他决定将学习重点放在应用研究而不是理论研究上。这段学习经历对他后来的职业生涯影响很大，哈伯开始倾向于解决实际问题，或将自己的研究应用到实际场景中，从而对世界产生更直接的影响。年轻的哈伯一年后回到布雷斯劳的炮兵部队服兵役，退役后进入柏林的夏洛腾堡工学院（又称皇家柏林工业高等学院）。1891 年，年仅 23 岁的哈伯在这里获得哲学博士学位。毕业后的哈伯在欧洲多个商业和教育机构工作与学习，最终又回到布雷斯劳，进入父亲的公司工作。然而，他认为旅行销售员的工作单调而缺少挑战，还经常与父亲就职责分工问题发生争执，最终父亲对他说："你不适合做生意，还是去大学吧。"于是，他听从了父亲的建议，在公司工作不到一年就选择了离开。

他首先来到耶拿大学度过了不尽如人意的一年半时间，但这也让他积累下一些积蓄和工作经验。随后他来到卡尔斯鲁厄理工学院的化学和燃料技术系担任助理。在这里他成长迅速，经过几年的努力，他出版了几本广受好评的专著，并发表了多篇论文，因此被评为物理化学教授，并成为该学院电化研究所的所长。正是在这里，他取得了职业生涯中最伟大的科学突破。1902 年，他被派往美国参观当地的大学和化工厂，以了解美国化学工业的发展状况，并撰写相关报告。一向直率和富有批判精神的哈伯最终得出结论：与当时处于世界领先地位的德国相比，美国在化学工业和教学基础设施上还处于"原始时代"。访美期间，他参观了位于尼亚加拉瀑布的大气制品公司。该公司尝试利用电弧法合成氨气，进而用氨气制造硝酸。这虽然不是哈伯的专业领域，但他观察到这种方法存在的技

210

术问题，并在一份富有批判性的报告中罗列了这一流程的技术困难。哈伯万万没有想到，这次参观将对自己的职业生涯产生巨大影响。

1904 年，维也纳一家化学公司找到哈伯，邀请他建立自己的团队，独立开展合成氨研究。哈伯对当时的理论研究和实验室测试现状进行深入分析后，没有得出明确的结论，婉拒了这家公司的请求。他继续在自己感兴趣的诸多领域开展研究，包括研发能够计算液体酸度的电极，研究发动机的能量损耗问题，以及分析本生灯火焰的属性。他是一名多产的学者，在 1900 年至 1905 年间发表了 50 多篇论文。1907 年，他再次将注意力聚焦到合成氨的问题上。原来，来自柏林大学的著名化学家瓦尔特·能斯特（Walther Nernst）挑战了哈伯的观点，认为哈伯几年前从氨合成实验中得出的数据与他的理论不符。能斯特在学界的地位非常高，当时他刚提出热力学第三定律，后来于 1920 年凭借这一理论获得诺贝尔化学奖。来自其他科学家的质疑对哈伯而言简直是奇耻大辱，也激起了他的斗志，让他全身心投入这项研究中。他重新进行了合成氨的实验，修改了自己的数据，但新数据仍然与能斯特的理论不符。能斯特在 1907 年 5 月举行的德国本生协会的年会上对哈伯公开提出批评。

这一事件对哈伯的打击非常大。毕竟，哈伯当时只是一名初出茅庐的年轻教授，遭到能斯特这位科学界泰斗级人物的公开批评，哈伯觉得自己颜面全无。巨大的压力导致他的健康状况恶化，但他没有倒下，而是下定决心证明能斯特是错误的。哈伯和他的助手克服各种技术难题，在实验室制造了一个开展进一步实验的装置，这是一个高 75 厘米（30 英寸）、能够承受实验所需的极端高温和高压

211

弗里茨·哈伯的肖像。哈伯是一位神秘的德国化学家，他发明的合成氨工艺使德国在第一次世界大战中能够在硝石短缺的情况下保持战斗力。这项技术以微妙的方式彻底改变了整个世界，人类可以无限获得生产爆炸物和肥料的硝酸盐。

的铁罐。其中最困难的环节，是在铁罐中制造一个能够在化学反应造成的极端条件下正常调节气体流量的阀门。

氢气和氮气通过阀门被泵入加压罐中，用镍加热线圈加热到高温，并通过一个小型原始泵来实现气体在罐内的循环。氨合成反应的催化剂被放置在出气阀附近，当气体排出时完成催化反应。气体离开高温状态的加压罐后，会迅速冷却，形成氨粉。在设计出可行的小型实验转化装置后，哈伯和他的助手又花了几个月时间测试最理想的温度和压力、氮气和氢气的用量以及不同的催化剂。为了最大限度减少完成化学反应所需的能耗，他们试图降低反应所需的温度和压力，以提高这一合成过程的经济性。他们测试了包括钙、锰、镍、锇在内的多种催化剂，最后确定铀是最有效的物质，既能提高氨的产量，又能降低合成反应所需的温度。哈伯希望证明这个化学反应是可行的，满足自己在技术和科学上的好奇心，证

212

明自己之前提出的科学原则的正确性。与此同时，他从一开始就计划将其运用到工业生产中，解决农业和爆炸物领域长期存在的氮难题。1909 年中，他已经做好准备向全世界宣告自己取得的成果。

1909 年 7 月，哈伯和他的助手已经优化了实验中的气压、温度和催化剂，制造出一个能够采用史无前例的高效方式合成氨的模型装置。他向当时化工巨头巴斯夫公司（BASF）的研究工程师卡尔·博施（Carl Bosch）和化学家阿尔文·米塔施（Alwin Mittasch）演示了自己的实验。虽然一开始因为技术问题而耽误了几个小时，但最终，在充满质疑的人们的注视下，哈伯的设备成功合成出少量氨粉。哈伯在专利申请书中简要描述了化学反应过程的原理："利用化学元素合成氨的方法，是通过将合理比例混合的氮气和氢气在加热过的催化剂的作用下不断产生氨，将其分离出来，并在保持气压不变的情况下，让反应中产生的热量作用于新泵入的不含氨的气体，以继续发生类似反应，产生更多的氨。"如果这一实验室成果能够被应用于大规模工业生产流程，将对人类产生巨大的影响。

* * *

20 世纪初，人工制造含氮化合物是当时最大的技术难题之一。1893 年，英国科学促进会主席威廉·克鲁克斯（William Crookes）爵士在该协会的会议发言中提出人类因为缺少氮肥而面临全球饥荒的风险。他声称："固氮技术（nitrogen fixation）对人类文明的进步至关重要。"他错误地预测，智利硝石资源将在 20 到 30 年内消耗殆尽。这则惊人的消息极大地推进了人们对固氮问题的研究。在地球上，氮元素本身并不匮乏，空气中将近80%的成分是氮气，每平方码的空气中含 7 吨氮气。所以，当科学家尝试减少人类对智利硝石的依赖时，首先想到的方法就是从空气中提取氮。所谓固氮技术，就是将空气中游离态的氮气转化为含氮化合物的方法。截至1915 年，全球有 3000 多篇论文都围绕这个问题展开。

19 世纪末，除了利用天然矿藏，人类拥有三种获取含氮化合物的实验室方法，分别为氰氨基化钙法、电弧法以及收集煤炭焦化过程中产生的副产品氨。氰氨基化钙法需将氮气与碳化钙在高温下混合。两者在密闭环境下反应几天后，会产生氨基氰。这种物质有时直接被用作肥料，但通常需要进一步加工，因为其粉末状形态不利于在农业中使用，而且对人的皮肤有刺激性。虽然当时人们在意大利的皮阿诺德奥尔塔（Piano d'Orta）、德国的科隆和特罗斯特贝格附近，以及后来在其他几个欧洲国家、日本和加拿大尼亚加拉瀑布等水电资源丰富的地区修建了多个采用氰氨基化钙法的固氮工厂，但这类工厂对能源的要求太高，需要消耗大量优质焦炭和电力，这严重阻碍了其在商业领域的应用。而且，该工艺难以提供大量的氮。在第一次世界大战时期的德国，面对氮资源的匮乏，人们已经不计成本地采用这种方式进行生产，但产量仍然十分有限。另一种方法，即电弧法，主要通过电弧的高温使空气中的氮气和氧气发生反应，生成一氧化氮。这种方法同样存在成本过高的问题。1902 年哈伯访问的尼亚加拉瀑布附近的大气制品公司采用的就是这种工艺，但该公司在 1904 年倒闭。虽然在访问该厂几年后，哈

214

伯改进了该工艺的流程，但其对能源的依赖度仍很高，这直接导致产品成本过高。挪威有几家使用该技术的工厂，凭借当地充足的水电资源能勉强维持正常运营，但规模有限。总之，由于成本过高，采用电弧法生产的含氮化合物远少于氰氨基化钙法。

在 20 世纪初，从焦炭中提取氮这一副产品大概是各个国家最广泛使用和最有效获取大量含氮化合物的方法。煤炭中包含少量的氮，一般在 1％到 2％之间。根据瓦茨拉夫·斯米尔（Vaclav Smil）在《肥料的革命》（*Enriching the Earth*）中的解释，煤炭中的氮元素主要"来自生物量（biomass）中蛋白质的降解"，"这些生物量最终在压力和热力的作用下转化为固体燃料"。当煤炭燃烧时，氮元素会释放到大气中，"但在生产熔化生铁所需的焦炭时，或生产 19 世纪城市照明中广泛使用的煤油时，人们会在缺少空气的情况下加热煤炭，煤炭中的部分氮（通常为 12％到 17％）便会转化为氨气"。19 世纪晚期，随着低效的老式蜂窝炉被可回收副产品的焦炉取代，煤炭焦化过程中产生的气体可以被大量收集和加工，并通过奥斯特瓦尔德法（Ostwald process）转化为硝酸。在高温下通过催化剂将氨转化为硝酸的奥斯特瓦尔德法于 1902 年由德国化学家威廉·奥斯特瓦尔德（Wilhelm Ostwald）提出，他凭借这一发现于 1909 年获得诺贝尔化学奖。

20 世纪初，三种获得含氮化合物的商业方法都存在不足之处。哈伯的传记作家之一莫里斯·戈兰（Morris Goran）写道："所有试图从空气中固定氮或合成氨的手段都存在缺陷，比如装置成本过高，维修和保养费用昂贵，生产效率低，原材料不足，或只适用于水力资源极为丰富的地区。"即使是其中效率最高的从煤炭焦化过

215

程中回收氨气的方法，也受到煤炭储量的限制。为了提高焦化反应中氨气的回收量，人们做了大量研究和实验，但没有取得实质性进展，因为副产品回收炉本身对回收效率的影响很小，这种方式得到的氨气产量很难跟上需求的增长。而且，美国应用副产品回收炉的过程极为缓慢。在第一次世界大战期间，美国大多数工厂仍然使用过时和低效的蜂窝炉，严重限制了当时的氨产量。瓦茨拉夫·斯米尔指出，虽然煤制合成氨"最终贡献了大量含氮化合物，但与氰氨基化钙法和电弧法一样，这些方法都不是固氮问题的最终解决方案，充其量只是一种补充"。

　　哈伯进行人工氨合成的方法与之前的三种方法完全不同。虽然最初备受质疑，但他的方法解决了氰氨基化钙法和电弧法中的许多问题，尤其是高能耗问题。当然，哈伯的方法在投入商业应用前也存在一些亟待解决的工程问题，比如如何生产能够承受高温和高压的巨大铁质容器来提高产量，但他的方法毫无疑问是这个学科领域的重大突破。G. I. 布朗对哈伯法的基本原理进行了如下解释："氮气从空气中获得，氢气从水或甲烷中获得，这两种气体在 550 摄氏度的温度下和 150 到 300 个大气压之间的压力下，能够在催化剂作用下形成氨气……这是一种具有里程碑意义的工艺，首先在于该工艺从化学原理上找到了生产大量氨气的条件，其次是其在高压技术上的突破。它如此具有开创性，以至于最初许多工业化学家都对其充满怀疑。"其实，氮气和氢气通过化学反应能形成氨气并不是什么新发现，而是化学家们多年来的共识。人们很早就意识到，可以将空气中的氮元素与水中的氢元素合成为氨，然后将氨作为氮肥或炸药的原材料，但要实现这一点需要克服种种技术难题。哈伯的创新在于通过高温、高压以及合适的催化剂大幅提高了这一化学反应产生的氨气产量。哈伯很快申请专利，并与化工巨头巴斯夫公司签订了应用这一伟大技术创新的协议。

然而，在 1909 年，哈伯的模型只是在卡尔斯鲁厄实验室做出的一个小型实验性转换装置。要将这个模型转化为一个可以实际运转的工厂，还需要进行大量的科学研究和投资，从而充分实现专利的商业价值。在巴斯夫公司内部，许多人担心完成这一工作在经济和时间上的成本太高，有的人甚至认为其难度太大，根本没有商业价值。这个艰巨的任务交给当时年仅 35 岁的冶金工程师卡尔·博施。博施对各种固氮方法都很熟悉，而且有钢铁行业的工作经验，操作过高压转化器。一向充满创造力和干劲的博施接受了改进哈伯设计方案这一任务。经过他几年的努力，1913 年，巴斯夫公司第一家合成氨工厂在奥保建成并投入使用。该工厂每年可以生产 3.6 万吨氨，可转化 7200 吨氮，当时主要用于制造肥料。但正如瓦茨拉夫·斯米尔所言，"随着战争的爆发，合成氨的用途在短短几个月就从化肥变为维持德国的军火工业"。

人们常说"需求乃发明之母"，这句话也许并非放之四海而皆准，但形容第一次世界大战早期的德国绝对是贴切的。面对英国的海上封锁，德国及其盟友难以从国外进口各种原材料，尤其是来自智利的硝酸盐。在战争爆发之前，德国人很可能已经意识到这一风险，对智利硝酸盐供应被切断的恐惧为加速推进哈伯实验模型工业化应用提供了强大动力。因此，在短短三四年内，博施克服了各种棘手的技术问题，将哈伯的实验室设备改造为位于奥保的一个具有商业价值的大型工厂。随着战争的爆发，博施又被赋予新的责任，那就是迅速扩大工厂的规模，在短时间内将产量翻倍甚至提高两倍，以满足德国军队的需求。令人惊讶的是，他居然再次取得成功。1915 年，德国的氮产量翻番，1916 年翻了四倍。1917 年，在他的监督下，德国中部的洛伊纳建成了一家规模更大的工厂。

一些历史学家猜测，德国军方提前得知了博施在巴斯夫公司取得的科研进展，于是德国在氮生产能力取得突破性技术进展后才宣战。比如，美国历史学家威廉斯·海恩斯 1945 年用极具文学色彩的语言写道："这就是为什么尽管威廉二世已剑拔弩张多年，但直到哈伯的合成氨法与将氨转化为硝酸的奥斯特瓦尔德法成熟后，他才敢将利刃刺出。"1932 年，化学教授 J. E. 扎内蒂（J. E. Zanetti）也在《氮的重要性》（*The Significance of Nitrogen*）一书中写道："很多人都认为，德国在哈伯法得到规模化商业运作后才敢发动战争，因为开战后英国舰队必然会切断德国的智利硝酸盐供应，德国将同时面对无法生产弹药和无法给农作物施肥的风险。如果德国在没有任何准备的情况下发动战争，这无异于一种自杀行为。"当然，化学工业和战争领域的大多数历史学家，尤其是年代更晚的历史学家并不同意这种观点。他们指出，在战争爆发之初，同英法一样，德国并没有考虑到战争会导致氮需求的急剧增长，因此也没有做好相关准备。而且各种资料显示，德国政府并不了解合成硝酸物的各种方法。博施在 1914 年 9 月与德国战争部人员会面后也表示，这些人根本没有意识到现代战争对化学品的巨大需求，他们对硝酸物需求量的估算仍在参考 40 年前的普法战争。弗里茨·哈伯的儿子、经济史学家 L. F. 哈伯（L. F. Haber）在《化学工业：1900—1930》（*The Chemical Industry，1900-1930*）一书中写道："鉴于 1914

年 8 月后德国氮需求的规模，当时的问题不是在枪炮与粮食间作选择，而是在枪炮与失败间作选择。回顾那段历史，我们会惊奇地发现，面对随时可能出现的氮短缺风险，德国没有采取任何实际措施来保障用于军事目的的氮供应。"

战争爆发后，立即出现的氮短缺问题很快引起人们的关注，各国也采取了相应行动。德军高层很快被告知，如果无法迅速取得胜利，国内很快会出现严重的原材料短缺。历史学家杰弗里·艾伦·约翰逊（Jeffrey Allan Johnson）在《德国皇帝的化学家们》（*The Kaiser's Chemists*）一书中提道，早在 1914 年 9 月，德国著名科学家埃米尔·费歇尔（Emil Fischer）在一次会议中告知德国战争部："德国在甲苯（用于生产 TNT 的原料）、氨、硝酸、汽油、石油以及煤炭和焦炭等资源的生产能力和实际需求之间存在巨大差距……人工合成的硝酸物在 1913 年只能满足德国不到十分之一的需求。"约翰逊还写道："必须尽快扩大这些物资的产能，否则德国的军事机器会在几个月内因为缺少炸药而无法运转。"当时德国人工合成氨主要采用氰氨基化钙法，面对资源的短缺，德国氰胺厂开始迅速扩大规模，希望利用战争时期的垄断地位扭亏为盈。但最终拯救德国的是巴斯夫公司在奥保和洛伊纳的两座工厂。采用哈伯-博施氨合成法，这两个工厂制造了大量的氨，让德国的工业和农业在战争期间能够继续获得其正常生产不可或缺的氮。

据估算，如果没有哈伯和博施的努力，德军的弹药会很快告罄，充其量坚持到 1916 年春。德国原计划在短时间内取得地面战役的胜利，然后进行和平谈判。但这场战争最终发展为一场旷日持久的消耗战，不仅让德国感到意外，英国和法国也始料未及。为了应对战场形势的变化，奥保和洛伊纳的工厂迅速提高产能。L. F. 哈伯写道："哈伯-博施法的出现让德国在 1915 年至 1918 年期间能够在前线和国内继续推进战争……在 1917 年和 1918 年，采用这种方法生产的含氮化合物占全国总产量的 45％和 50％。如果没有这一工艺，战争毫无疑问会提前结束。"采用哈伯-博施法生产的硝酸物在战前的量很少，在战争结束时达到惊人的 20 万吨，远远超过氰氨基化钙法（多出 60％以上）和德国所有焦炭厂副产品回收的产量。虽然很多关于第一次世界大战的宏观历史叙述很少提及此事，更没有将冲突时期的硝酸盐供应提到战略高度，但科学历史学家，尤其是化工领域的历史学家，经常讨论和研究这个问题。2001 年，瓦茨拉夫·斯米尔在研究化肥以及哈伯和博施两人的专著中得出结论："奥保和洛伊纳的工厂对德国的军工生产能力至关重要，它们的成功大大推迟了德意志第二帝国的覆灭时间。"

德国在战争期间有效解决了氮短缺问题，但协约国仍然依赖智利的硝酸盐、焦炭厂的副产品回收以及产能非常有限的氰胺厂。在整个第一次世界大战期间，英国、法国、意大利和美国的科学家都在研究哈伯-博施法的原理，试图复制其生产方法。美国还建造了几座合成氨厂，包括亚拉巴马州谢菲尔德的一号硝酸厂和亚拉巴马州马斯尔肖尔斯的二号硝酸厂，但战争期间这两座工厂几乎没有任何产能。同样，在英国比林汉姆和在法国图卢兹的工厂也没能生产出含氮化合物。哈伯-博施法的原理虽然非常简单，但技术实现难度很大，需要提供反应所需的高温和高压环境。这些国家对反应中所需的催化剂也缺少了解。这些秘密在战争结束后才得以公布。

＊　＊　＊

　　凭借这一伟大发现，弗里茨·哈伯于1919年获得1918年度的诺贝尔化学奖。受战争影响，1916年和1917年的诺贝尔奖暂时停发，所以这是战后第一次颁发的诺贝尔奖。十多年后（1931年），卡尔·博施也凭借他在改进哈伯最初模型中作出的贡献而获得诺贝尔奖。然而，哈伯的获奖并没有像其他获奖者那样得到全世界人的祝福，而是遭到协约国科学家的强烈抗议。当时，许多人认为诺贝尔委员会作出了一个错误的决定。一个多世纪来，哈伯被认为是诺贝尔委员会评出的最具争议的获奖者，以至于瑞典国王没有亲自给他颁奖，哈伯也没有与其他得奖者共同领奖（他在1920年夏天独自领奖，没有往常的隆重仪式）。由于这一事件，在随后12年里，来自协约国的科学家都拒绝提名德国科学家为诺贝尔化学奖候选人。哈伯的科学发现确实极具开创性，为世界带来了巨大的实际利益。人们对哈伯的强烈反感，并不是因为他的获奖名不副实，而是因为他在战争中的"恶魔"行为。

　　1911年，向巴斯夫公司演示了他的合成氨实验后，哈伯离开了卡尔斯鲁厄理工学院，来到柏林新成立的凯撒·威廉物理化学和电化学研究所。战争爆发几个月后，由于许多年轻同事都被征召入伍，他在该所的工作受到严重影响。哈伯也主动申请入伍，但遭到拒绝，没能为国效力让他十分苦闷。但几周后，该研究所被并入德国军队，哈伯也成为一名军队科学家，这一消息让他很快振作起来。果然，军方向他咨询当时在奥保工厂由博施负责的硝酸盐生产事宜。随后，他还致力于研发一种能在冬季的俄国使用的冰点更低的汽油。当然，哈伯和其他几位著名的德国科学家被赋予的最重要的任务是在 1914 年末，研发一种能够迫使敌军离开战壕、来到开阔地与德军进行传统作战的化学制剂。其实，这个想法并非德国人的原创。在此之前，英国化学家也在做将化学试剂用于战争的实验，法国军队还使用了少量的催泪瓦斯，但效果并不好。在战争初期，俄国人曾尝试使用氯气，但没有成功，因为气体在冬季会结冰，沉入冰雪中，第二年春天冰雪融化时才被释放出来，对早已离开的敌方士兵完全无法造成杀伤。通过分析这些案例，哈伯很快意识到氯气的巨大潜力。

经过几个月的测试，并经历了 1914 年 12 月的爆炸事件（在这次意外事件中，哈伯手下一位科学家死亡，一位受重伤）后，哈伯最终确定了利用气罐释放氯气的方法。1915 年春天，哈伯组织了第一次毒气战，在伊普尔（Ypres）附近 3.5 英里长的前线精心部署了大量毒气罐。当时在德国，关于使用毒气是否道德和是否违反国际法，以及英国和法国部队是否会使用同样的技术对付德国，人们存在很多争议。但西线战事对德国非常不利，德国似乎并没有太多选择的余地。哈伯的同事表示："作为一名爱国人士，我发自内心希望这次行动失败，因为一旦成功的话，法国人很快会用同样的方式扭转局势，这对他们来说并不难。"但哈伯则认为，使用化学武器并非不正义的行为，相反，如果能取得成功，战争将提前结束，很多人的生命都将得到挽救。

哈伯的论点与阿尔弗雷德·诺贝尔对自己毕生从事的改进炸药和推进剂这一事业的解释如出一辙。诺贝尔也认为，人类在破坏力上每一次看似恐怖的发展，本身符合人道主义精神，因为这些发展

223

能够缩短冲突的时间，减少人员的伤亡。但诺贝尔在晚年意识到，这种自我欺骗式的循环论证从未被证明是正确的。此外，道貌岸然地反对使用化学武器的观点在道德层面也存在不一致的一面，因为在持这种观点的人看来，使用化学反应发射抛体击中敌人的心脏，或通过化学物质的爆炸炸断敌人的四肢，似乎是一件非常光荣的事情，但同样利用化学反应去破坏敌人的肺部，就成了不道德的行为。的确，在 1899 年和 1907 年的海牙国际和平会议中，包括德国、法国和英国在内的许多国家都同意禁止将窒息性气体用作战争武器，这可能是人们普遍厌恶毒气的原因之一，但更本质的原因是，这种武器从未得到普遍使用，属于新鲜事物，所以很多人从道德角度反对这种武器。哈伯深刻地指出："每一种新的武器都具有赢得战争的潜力，每一场战争侵蚀的都是敌方士兵的灵魂，而非身体。新型武器能够更有效地打击对方的士气，因为对方从未见过这种武器，必然会感到恐惧。我们习惯了发射炮弹，但其实炮弹很难打击到对方的士气，而毒气的味道能让每个人深感不安。"

4 月 22 日，在多次因风向问题而中止行动后，德国终于发动了代号为"消毒行动"的毒气战，在法国小镇伊普尔附近一块不起眼的区域埋放了大约 6000 个致命的氯气罐。这些毒气罐大小与人体相当，总重量达到 168 吨。随后，这些毒气被同时释放出来，形成一道浓烟滚滚的白色雾墙，随风向协约国的战壕方向移动。在推进过程中，毒气扩散成一团高达 20 米的黄绿色烟雾。面对生化武器，英法军队大多选择撤退，但有的丧失理智的士兵尝试冲过毒雾，他们的喉咙很快被刺鼻的烟雾灼伤，这时他们才赶紧将破布塞进嘴里，用衬衫包裹自己的面部，有的人甚至把头埋入土里。许多人疯狂地抓挠自己的嘴和眼睛，最后痛苦地死去。在接下来几天，德国军队在进攻路线上释放了更多的毒气。这种新型武器取得了意想不到的效果，迫使英法军队离开战壕，但由于缺少人力和弹药，德国军队没有充分利用这一战果。杰弗里·艾伦·约翰逊写道："德军在心理和战术层面占据绝对优势，这时的敌军已经毫无还手之力，但德国的将军们没有选择乘胜追击。"战斗结束后，协约国声称本方有 1.5 万人受伤，将近 5000 人死亡，而德国声称本国只有几百人受伤，十多人死亡。应该说，双方的数据都存在问题，协约国的数据有夸大之嫌，而德国则可能隐藏了实际伤亡情况。虽然德军没有充分利用氯气给他们带来的短暂优势，但他们发现这种新型致命武器具有巨大的潜能。军事规划人员乐观地认为，这种武器能够可预测地并且持续性地迫使敌方士兵离开战壕，避免战争无限期拖延下去。哈伯因此被晋升为上尉军衔，成为德国不断扩大的毒气战和毒气防御计划的负责人。

正如哈伯所预料的那样，协约国在大约 5 个月后就利用毒气发起反击，这时双方对毒气的使用已习以为常。在整个战争期间，毒气的复杂程度和技术水平不断提升，其投放方式从之前单纯依靠风力演变为发射可爆炸的毒气弹，所使用的化学物质也越来越致命，使用如光气和芥子气等毒素。同时，在伊普尔战役后，人们很快研发出原始的防毒面罩。随着生化武器和投放方式的不断演进，与之抗衡的防毒面罩的防护能力也不断提高。1917 年，哈伯直接指挥的人员达到 1500 人，拥有大量经费。同样，法国和英国科学家也在提高本国生化武器的攻击效力与生化防御能力。但实际上，毒气武器从未达到人们先前的乐观预期。据估算，在第一次世界大战时

225

期，人们在欧洲战场的战壕中总共使用了大约 12.5 万吨毒气，共造成大约 130 万人伤亡，占整场战争伤亡人数（约 2100 万人）的 6%。毒气武器的致死率约为 7%（大约 9.1 万人直接死于毒气战），而子弹和烈性炸药的致死率达到 25%。换句话说，被子弹或炮弹击中的人当中有 25% 的人会死亡。历史学家大多不认为毒气属于高效的致命武器，即便化学武器没有在第一次世界大战中得到使用，原本死于化学武器的人的生命也很可能被更致命的武器夺走。当然，9.1 万人死于毒气，这绝不是一个可以轻描淡写的数字，不管这些人来自协约国还是同盟国。而且，无论对错，哈伯都需承担起作为"毒气战之父"的责任，是他让整个世界走上了生化武器的道路。还有很多人认为，毒气武器的使用不仅延长了战争的时间，还让战争变得更为恐怖。但有必要指出，许多针对毒气战的批评，与当年人们对取代刀剑、长矛和弓箭并彻底改变作战性质的火药的批评非常相似。

哈伯从未公开表示过自己因毒气战不断升级而感到良心不安。他的逻辑看似无懈可击，声称死于毒气并不比被弹片打得血肉模糊更恐怖。他从未公开表示对自己行为的怀疑，也从未否认自己参与了毒气研发工作，乃至在其中发挥了开创性和主导性作用。哈伯第二任妻子与他所生的儿子 L. H. 哈伯在其研究第一次世界大战中毒气战的专著《毒云》（*The Poisonous Cloud*）里提出，自己的父亲集中体现了"当时德国化学界普遍存在的浪漫主义和准英雄主义"，"许多化学家充满民族自豪感，热衷于科学研究，同时追求技术进步带来的利益……作为一名普鲁士人，他全然接受了当时政府灌输的理念，尽管炮制这些理念的德国官员在知识水平上远逊于他"。

哈伯盲目地相信德国政府，没有进行道德反思，放弃了自己的道德责任。最终，他为此付出了高昂的代价。他的第一任妻子克拉拉·伊梅瓦尔（Clara Immerwahr）也是一位训练有素的化学家，但一直生活在丈夫的阴影下。她认为研发毒气武器是极不道德的野蛮行为，恳求丈夫放弃这一工作，但遭到拒绝。哈伯解释自己是在民族危难之际为国效力。面对丈夫强势的性格，克拉拉这位原本充满自信、颇受尊重的科学家，在婚后逐渐变得郁郁寡欢。作为丈夫，哈伯对妻子的支持少之又少，不理解她在职业上作出的牺牲和长期承受的孤独，而是全身心投入自己的研究中，一心想着取得更大的成就，获得更高的声望。伊普尔毒气战几天后，正当这位性格固执的工作狂准备动身前往俄国监督前线其他毒气装置的部署情况时，克拉拉用哈伯的军用左轮手枪朝自己的心脏开枪，结束了生命。最先发现她尸体的，是他们年仅 13 岁的儿子赫尔曼（Hermann）。

妻子的自杀并没有动摇哈伯对自己事业的信念。在整个战争期间，哈伯一直在研发新的毒气投放方式和更具杀伤力的毒素，没有任何人可以阻挡他的步伐。在他看来，除了自己，其他所有人都是错的。当然，凭借在毒气和合成氨上取得的成就，他在德国享有极高的声望，获得了许多国家级奖项，被授予爵位，还成为慕尼黑拜尔科学院、普鲁士科学院和哥廷根科学院的成员。此外，他还被授予多个荣誉博士学位。在经济方面，他从巴斯夫公司的氨合成业务中赚取了大量专利费。和自己父亲当年一样，功成名就的哈伯于 1917 年再婚，迎娶了一位比自己年轻很多的女子，建立起一个新的家庭。一天吃晚餐时，哈伯突然告诉当时 15 岁的儿子赫尔曼自己将举行婚礼，这时赫尔曼才知道夏洛特·内森（Charlotte

Nathan）的存在。

战争结束后，哈伯身心俱疲，德意志帝国的覆灭让他精神近乎崩溃。为了这个帝国，他付出了多年努力，甚至放弃了自己原先的研究方向。他虽然获得了诺贝尔奖，但英国、法国和美国科学界对他的获奖发起抗议。在哈伯看来，人们抗议的理由非常牵强。毕竟，毒气并非战争中唯一骇人听闻的事情。以英国为主的协约国对德国的海上封锁（也被称为"饥饿封锁"）使德国人无法进口食物，战争后期几十万德国人被饿死。这种缓慢而痛苦的死亡过程对德军士气的打击极大，普通民众深受其害，许多婴幼儿因营养不良而出现免疫力下降，最后死于各种疾病。但历史往往是由胜利者书写的，很少有人提及德国在第一次世界大战时期的饥荒。直到最近，历史学家才开始评估毒气战和封锁行为对战争结果的影响，以及这些行为对非战斗人员造成的伤害。单纯从逻辑上看，哈伯的观点是有道理的，人们对毒气战的道德谴责，很大程度上源于对新事物的恐惧。从杀伤力上看，毒气并没有比在战壕中杀死了成千上万年轻战士的其他战争手段更恐怖，但在当时，使用毒气是一种懦弱和不人道的行为。此外，在战争时期，来自众多国家的数百名科学家都参与了毒气武器的研发，但唯独哈伯成为众矢之的，被人们视为"毒气战之父"，充当了其他科学家的"避雷针"。之所以如此，可能也与他固执的性格有关。L. H. 哈伯在《毒云》中写道："他做了一切最符合国家利益的事情。这个解释后来被多次使用，但似乎并不全面……政府往往毫无原则地用国家利益粉饰自己的行为。为政府工作的个人，事后也只能用同样的理由为自己辩护。一般情况下，个人的遗憾或悔恨会减弱历史对自己的批评，但哈伯性格耿

第一次世界大战期间三名戴着防毒面具的士兵。这张照片充分显示了1915年以来防毒设备的快速迭代。德国化学家弗里茨·哈伯于1915年4月在伊普尔战役中首次引入毒气战。

直，坚持之前的原则，没有采用这种策略。"

和阿尔弗雷德·诺贝尔一样，哈伯的性格中也存在令人困惑的矛盾性。他经常嘲笑那些特别看重军装和勋章的人，但他自己最初是中士，立功后也只晋升为上尉，这让他一直感到有些难堪，而他对下级发号施令时毫不含糊，非常严格，具有鲜明的军人作风。更具讽刺意味的是，一方面，他不顾自己负责的具体工作在道德层面的争议，坚信自己在军队的事业具有正义性；但另一方面，他又对军队文化极度反感，认为战争没有任何建设性意义，其对国际科学界的冲击让他感到尤为沮丧。但他最无法忍受的还是军事指挥机构规划能力的欠缺和效率的低下。他曾写道："经受过军事训练的军人往往缺乏想象力，无法充分理解技术发展给战争带来的变化。由于这种不足，一切战备工作都因循守旧，对需求的判断以及满足需求的方法也大多从过去的经验中获得，但实际上，随着时代的发展，技术需求也在发生变化。"他对军队的评价很低，对身边几乎所有与他共事的军官也没什么好感，但在战争期间他还是义无反顾地将自己的职业生涯献给了军队事业。对哈伯来说，自己的使命无上光荣。他选择永远忠于自己的国家，无论国家是对是错。

　　整个20世纪20年代，他一直为德国工作，继续担任柏林著名的凯撒·威廉物理化学和电化学研究所的主任。该研究所在战后转型为一个和平时期的科研中心。在这期间，他负责的很重要的一个项目是研发一种具有商业可行性的从海水中提取黄金的方法。之所以从事这项研究，归根结底还是出于爱国之心，试图通过这一技术来帮助德国偿还巨额的战后赔款，这笔赔款多达当时全球黄金供应量的三分之二。毫无疑问，哈伯的这项研究并未取得成功。德国经济开始崩溃，魏玛共和国难以逃脱解体的命运。随后上台的纳粹政权开始推行反犹主义思想，对于这个把自己多年青春都献给国家甚至不惜放弃自己国际声誉的犹太人而言，接下来发生的一切简直是灾难。1933年4月7日，他被勒令解雇所有犹太裔科学家。虽然哈伯已改信新教，而且凭借自己在战争时期的爱国行为以及在科学界的威望，他暂时不会沦为德国新法律的打击对象，但哈伯还是毅然选择了辞职。他在辞职信中写道："在选择科研岗位的人选时，我从来只考虑申请人的专业能力和人品，不论他们的种族和族群归属。你们很难让一个65岁的老人改变他过去39年学术生涯中一以贯之的思维方式和原则。这个人终其一生效忠于德国，并以此为豪。希望你们能理解他提出的退休申请。"

　　这时的哈伯对人生极度失望，身体状况也欠佳。他考虑移民巴勒斯坦，加入当地的犹太社团，但他决定首先前往英国，在剑桥大学化学家威廉·J. 波普（William J. Pope）爵士的实验室获得了一份无薪职位。但他不喜欢英国的气候。此外在英国期间，尽管受到许多同事、老友甚至老对手们的热情招待，他仍然可以清楚地感觉到许多人都非常介意他在十多年前从事过的毒气研发工作。而且，就像许多其他流亡者一样，他的内心充满挣扎和失落感。在德国，他曾是家喻户晓、受人尊敬的弗里茨·哈伯，但在英国，他仅仅是一个有战争污名的普通德国科学家。但曾经的德国已不复存在，如果现在回到德国，他连一个普通科学家都算不上，不过是一个在纳粹德国可以被任意杀戮的犹太人。早年的哈伯曾对反犹主义的影响不屑一顾，甚至声称这是犹太人的一种荣耀，可以激励他们更努力地工作。他曾全力拉开自己与犹太民族之间的关系，一度战胜了种族主义对自己不合理的束缚，但最终，他还是沦为反犹主义的受害者，被驱逐出自己深爱的祖国。1933 年夏天，他在给阿尔伯特·爱因斯坦（Albert Einstein）的信中写道："我一生中从未像现在这样真切地感到自己是一名犹太人。"仅几个月后，哈伯就离开了剑桥，摆脱了英国沉闷的冬天。但这时他的身体已经非常不好。1934年 1 月 29 日，哈伯在瑞士的巴塞尔去世。

231

　　哈伯在学术界以外的知名度不算大，但实际上，哈伯对世界产生的直接而深远的影响远远超过许多同时代的名人。这并不是因为他在毒气方面取得的研究成果，而是因为他研发的氨合成技术。瓦茨拉夫·斯米尔写道："由哈伯发明并得到后人改进的工业合成氨技术已成为现代文明的重要基石。"这也是他能够获得诺贝尔化学奖的根本原因。哈伯的获奖并不是如同反对者所说的那样因为他"延长了战争"，而是因为合成氨是全球化肥工业的核心技术，而化肥又是 20 世纪农业革命的基础。当时人们就意识到这一技术是解决全球粮食问题的关键。正如颁奖仪式上所言，哈伯的发现是"推进农业进步和增加人类福祉的重要手段"。

1918 年第一次世界大战结束后，哈伯-博施法很快扩散到世界各国。《凡尔赛和约》第 172 条规定："在本条约生效后三个月内，德国政府将向主要协约国和其他国家政府披露本国在战争中使用过或准备使用的所有爆炸物、有毒物质和其他化学制剂的属性和制造方式。"1913 年，智利提供了全球三分之二的硝酸盐，但由于合成氨技术的发展，到 1930 年这一比例下降至 7%。这对智利经济造成灾难性打击，导致数万人失业，并彻底打破了智利在这种关键资源上的长期垄断地位。哈伯-博施法的出现对农民和军人来说是巨大的福音，他们不再需要满世界寻找含有这种关键原材料的自然矿产。

后　记

战争与绿色革命

如果有含氮化合物，人类有可能用含氮炸药将自己从地球上抹去；如果没有含氮化合物，人类必然因缺少氮肥而集体饿死。

——威廉斯·海恩斯，1945 年

穿过历史的迷雾，回望遥远的过去，在 1 万至 1.2 万年以前，生活在中东和中国的人就开始种植农作物。不久后，一个细心的人，甚至可能是一个聪明的孩子，敏锐地观察到在有动物排泄物的地方，农作物生长得格外茂盛。人们立马开始收集家畜的粪便，定期为庄家施肥，以提高产量。这样一来，畜牧业和农业形成一个共生循环，增产的农作物能充当动物的饲料，动物的排泄物又可用作农作物的肥料，进一步增加农作物的产量。总之，人类很早就认识到肥料与农作物产量之间的关系，从中国、印度、印度尼西亚、中东、欧洲到整个美洲地区，所有依赖农业的文明共同体都有漫长的使用粪肥的历史。

除了动物排泄物，早期肥料还包括各种堆肥、腐烂的鱼类、被磨碎的骨头、草木灰、鸟类和蝙蝠的粪便、白垩和羊毛等。17 世纪，人们发现硝石是一种效果极佳的化肥，易于存储和运输，使用起来也很方便。但由于硝石是制作炸药和火药不可或缺的原料，长期以来在农业中的使用并不普遍。19 世纪中期，当人们在南美洲发现了看似取之不尽的天然硝酸盐矿藏后，硝石才开始广泛应用于农业。这时，鸟粪和硝酸盐对提高农作物产量的巨大作用已广为人知，因此农业上对这些物质的需求量猛增。但土地经过多年的耕作后，土壤中的营养物质会逐渐流失。为了维持农作物的产量，必须施用更多的化肥。在美国东部和欧洲，化肥的使用成为维持农业发

234

展的关键，确保农场主有利可图。吉尔伯特·柯林斯（Gilbeart Collings）在《商业肥料：来源与运用》（*Commercial Fertilizers：Their Sources and Use*）中写道："几乎每种类型的土壤中都只包含农作物生长所需的一种或几种养分。"长期耕种后，土壤中的营养物质会被冲刷或腐蚀，只能通过化肥予以补充。氮、磷和钾是大多数商业肥料中最主要的三种成分。19世纪末，随着农业集约化程度的提高和土壤肥力的下降，这些化肥（尤其是氮肥）的使用变得越来越不可或缺。因此，包含这些化学元素的自然资源（主要是秘鲁鸟粪和智利硝酸盐）以惊人的速度被人类消耗，引发了人们对这种资源出现短缺的恐慌，毕竟，粮食产量的急剧下降必然会导致全球范围大规模饥荒。就在这个关键时刻，人类社会居然爆发了一场旷日持久的现代战争，世界各国需要争夺智利硝酸盐，并将其用于军事用途。

哈伯的伟大之处在于他让人类进入一个农作物可以尽情生长的时代，避免世界陷入粮食危机或爆发饥荒。但就像硬币有正反两面一样，合成含氮化合物对全球人口以及环境产生惊人影响。第一次世界大战结束后，随着哈伯-博施法在全球的应用，整个世界发生了翻天覆地的变化。人类不仅可以在未来冲突中不受限制地使用爆炸物（接下来爆发的另一场世界大战充分证明了这一点），世界人口也以空前的速度增长，从20世纪初的16亿增长到现在的60多亿。[1] 很难想象还有哪项科技能对人类的文化、政治结构和全球经

① 根据Worldometer网站的数据，全球人口已于2022年11月超过了80亿。——译者注

济产生如此深远的影响。为了在短短三代人的时间内让新增的 40
多亿人拥有足够的生存空间和食物，全球范围内城市化和工业化进
程大幅加速，地理环境也随之发生剧烈变化。随着农业用地和城市
的蔓延，原始地理环境的空间被不断挤压，这一进程使人类拥有养
活更多人的能力，进一步刺激了人口的增长，加剧了我们对合成含
氮化合物的依赖。

　　现在，人类从空气中合成的含氮化合物比所有土壤通过微生物
反应形成的含氮化合物还要多。它提供了全球农作物大约一半的营
养物，这直接关系到数十亿人的生存。瓦茨拉夫·斯米尔在他研究
氮肥和全球农业的经典著作《肥料的革命》中写道："对全球 40%
的人口而言，氮肥是他们得以生存下来的主要原因。如果人类还停
留在前化肥时代，那么当今全球只有一半人能活下来，而且这些人
的饮食必须非常简单，大多数人只能以素食为主。如果保持人类现
有的饮食水平，那么前化肥时代的农业最多只能养活当前世界 40%
的人。"据估算，合成化肥的使用量将在未来半个世纪翻一番，也
就是说，到 21 世纪中期，哈伯-博施法将为全球大约 60% 的人口提
供所需的基本营养。

236

　　斯米尔提出了一个很值得思考的问题：20 世纪最重要的科学
发现是什么？比较常见的回答是核能、飞机、电视、计算机或太空
飞行。但斯米尔指出："这些发明当中没有任何一项能与工业合成
氨技术相提并论。如果世界上没有微软视窗操作系统和 600 多个电
视频道，全球 60 亿人说不定能生活得更好。同样，核反应堆和宇
宙飞船也不是人类幸福的关键因素。但如果没有氨的合成（以及将
其转化为含氮化合物），就不会出现全球人口的大幅增长。"如果没

有哈伯-博施法，当下全球五分之二的人都无法生存。就在我们讨论这个问题的同时，全球人口还在不断增长。据保守估算，21 世纪中叶将增长到 90 亿到 100 亿之间，因此人类对合成化肥的依赖度也在不断上升。

通过打破农业和畜牧业在氮循环的局限下形成的共生关系，合成含氮化合物同时实现了这两个领域的大规模生产，让全球更高比例的人口能获得更好的营养。但与此同时，这一技术也产生了意想不到的负面作用。使用过多的硝酸物给环境造成了恶劣的影响。在将近一个多世纪后，曾经的解决方案又带来许多亟须解决的新问题。

当人们给农作物施氮肥时，只有少部分肥料被吸收，其余大部分从田野进入溪水和河流，最终进入大海。目前，大约 50% 的氮肥在被吸收前就已经从土壤中流失。氮元素不仅有助于陆生植物的生长，也能加速海洋植物的生长。每年大量流入大海的氮肥导致海面藻类植物大量繁殖，形成藻华，阻挡了其他水下植物正常进行光合作用。这些藻类植物死亡后会沉入海底被分解，吸收水中大量养分，导致螃蟹、蛤蜊和龙虾等其他海洋物种缺氧死亡。此外，藻类有时还会产生毒素，或形成赤潮，导致鱼类死亡和贝类中毒。从这个意义上看，合成氨虽然增加了陆地的食物，但同时在缓慢减少海产食物的产量。比如，从路易斯安那州西南海域到邻近得克萨斯州的墨西哥湾，密西西比河和阿查法拉亚河的氮径流导致这一海域形成了一个巨大的死亡区（缺氧区），海中大量底栖生物死亡，鱼类也因此迁徙到其他海域。类似的环境问题也发生在澳大利亚大堡礁的潟湖。20 世纪下半叶，大堡礁附近农田的氮肥使用量增长了十倍。同样，波罗的海的氮含量在 20 世纪 90 年代增长了四倍，当地的鳕鱼捕鱼业因此遭到毁灭性打击。

在之前将近一个世纪的时间里，人类拥有几乎无限获得合成含氮化合物的能力，凭借这一能力，农作物的产量得以飞速提高。但随后，人类又不得不面对由这一成功带来的新挑战。

* * *

弗里茨·哈伯作出了改变世界的发明才过去几十年，就已经很少有人听说过他的名字，许多人对他给现代文明带来的巨大影响毫不知情。任何事物都具有两面性，当人类具备无限生产氮肥的能力后，与农业的飞速发展相伴的是对环境的严重破坏。同样，诺贝尔发明达纳炸药以来的一个半世纪，氮基炸药不受限制的使用历史也毁誉参半，充满争议。可见，人们在解决问题的过程中，往往会制造出新的问题。有的人强调氮基炸药在土木工程和采矿业中发挥的巨大作用，有的人则关注其在战争中日益增强的破坏力。这场辩论旷日持久，人类对爆炸物的属性和影响的哲学性思考可以追溯到最初使用黑火药的时期。

爆炸物是否属于一种邪恶的破坏力？17 世纪炼金术士和自然哲学家威廉·克拉克提出了"这项发明到底利大于弊还是弊大于利"的疑问。英国政治活动家和记者威廉·科贝特（William Cobbett）则提出，火药和纸币是"人类的头脑在恶魔影响下产生的最邪恶的两项发明"。塞巴斯蒂安·米勒（Sebastian Miller）在 1584 年出版于巴塞尔的《宇宙学》（*Cosmographie*）中也讨论了黑火药，他提出："是谁给地球带来一个造成如此多伤害的事物？这

238

样的恶棍不配让人们记住他的名字。"同样，阿尔弗雷德·诺贝尔由于最早发明和销售硝酸甘油炸药和达纳炸药而被人们称为"死亡商人"，有的人对他敬而远之，还有的人起诉他，甚至威胁要让他的公司倒闭。弗里茨·哈伯发明的合成含氮化合物的方法解决了德国在第一次世界大战期间资源匮乏的难题，客观上延长了战争时间，因此饱受批评。他的出发点是为了避免自己的国家陷入饥荒并承受屈辱的军事失败，但他间接造成了数百万年轻人的死亡，使欧洲的广大地区遭到严重破坏。

另一方面，爆炸物也给人类带来了许多好处。道路、铁路和运河的修建，大幅提高了交通和贸易的便利性；采矿业和建筑业的发展，让全球数十亿人能享受更高的物质生活水平。诺贝尔认为，达纳炸药和后来威力更大的爆炸物能让人类从暴力冲突中解放出来，是实现全球和平的强大力量。哈伯的发明被用于制造爆炸物，但鉴于其在科学上的开创性，诺贝尔委员会仍然授予他诺贝尔化学奖。19 世纪的苏格兰历史学家和作家托马斯·卡莱尔认为，爆炸物是"现代文明的三大要素之一"。无政府主义者艾伯特·帕森斯（Albert Parsons）则出于完全相反的原因来肯定爆炸物，他提出："为了将炸药交给全世界成千上万的受压迫者，科学已经尽了最大的努力……对于那些没有继承任何权利的人而言，炸药是真正的福音；对于那些通过各种特权剥夺受压迫者利益的强盗而言，炸药让他们提心吊胆，充满恐惧。"诚然，现代文明既取得了光辉的成就，也经历了许多挫折和至暗时刻，但如果人类没有通过爆炸物对地球持续进行重大改造，或许就没有我们现在所看到的现代文明。

多个世纪以来，爆炸物改变了我们的思维方式。从战争方式到建筑的规模，再到矿产开采能力，爆炸物使我们拥有更强的基于需求改造世界的能力。然而，无论是利用火药、炸药和其他爆炸物的可怕威力，还是不加节制地使用氮肥，这些行为的道德责任最终都落在每一个制造和使用这些物质的个体身上。

烈性炸药本身并没有善恶之分，或者说，它善恶兼备。从最基本的意义上说，它不过是一种工具，就像木棍和锤子一样，只不过这个工具更为强大，因此成为人类内心各种相互矛盾的动机和欲望的延伸形式。在人类使用爆炸物的漫长历史中，我们可以看到人们利用这一工具打破现有社会秩序时面对的道德困境，硝酸盐同时被用于战争和农业发展这一充满讽刺意味的现实，全球各国在争夺硝酸盐供应时发生的激烈斗争，以及人们运用爆炸物取得一项又一项伟大成就中体现出的雄心壮志。这段历史，与其说是爆炸物的历史，不如说是一部充满矛盾和令人困惑的人性史。它既杀气腾腾，令人生畏，让人心灰意冷，同时又充满希望，坚定不移，并且极富创造力。

资料来源与拓展阅读

　　本书属于通俗类而非学术类书籍，所以我没有在正文中添加脚注，而是在此逐章介绍主要参考文献，旨在为希望对相关主题进行延伸阅读的读者提供一些有价值的信息。此处只提供最重要的专业性和通识性参考文献，其他在本书写作过程中参考的书目，可在末尾的参考文献中查阅。

　　我本人并非化学家，在本书中对化学过程的解释主要针对普通读者。我关注的重点是历史以及科学发现对世界事件的影响，对具体化学过程的解释并不详细。

第一章　与火共舞：爆炸物的千年探索史

　　盖伊·福克斯和火药阴谋的历史广为人知，并被大量记载。大多数图书馆都藏有关于这个主题的图书。在诸多文献中，我认为思路最清晰、记录最全面的是安东尼娅·弗雷泽（Antonia Fraser）写的《信仰与背叛：火药阴谋的故事》（*Faith and Treason：The Story of the Gunpowder Plot*）。相关原始资料可参见唐纳德·卡斯威尔（Donald Carswell）主编的《对于盖伊·福克斯和其他人的审判》（*The Trial of Guy Fawkes and Others*）。罗杰·培根同样被人们经常提及和讨论。他的许多文章收录在《炼金术之镜：由三次闻名的弗莱尔博学多识者罗杰·培根创作》（*The Mirror of Alchemy：Composed by the Thrice-Famous Learned Fryer，Roger Bacon*）中。这本书由斯坦顿·J.林登（Standon J. Linden）主编，书中还附有一篇导论。几乎所有的科学史都包含关于培根的内容，比如乔治·萨顿（George Sarton）的《科学史导论》（*Introduction to the History of Science*）。还有很多历史学家记载了火药的早期历史。比如 J. R. 帕廷顿（J. R. Partington）的《希腊火和火药的历史》（*A History of Greek Fire and Gunpowder*）。这本书的语言深奥，学术性较强，包含大量关于全球（尤其是中国和中东）早期燃烧武器使用情况的介绍和讨论。我在本书中关于早期燃烧武器和火药武器的直接引用很多来自帕廷顿的著作。相关可读性较强的文献可参见李约瑟（Joseph Needham）写的《中国的科学与文明》（*Science and Civilisation in China*）。此外，彼得·詹姆斯（Peter James）和尼克·索普（Nick Thorpe）的《古老发明》（*Ancient Inventions*）当中也有许多关于古老燃烧武器的内容。

第二章　黑火药的灵魂：神秘硝石的探寻之旅

人类对硝石的探寻不算一个流行的研究领域，大多数关于火药和炸药的书，最多只有一两个段落讨论这个问题。但关于 17 世纪英国历史的书很多，尤其是查理一世时期的历史。这些书一般会讨论硝石官的活动。这类书籍中，凯文·夏普（Kevin Sharpe）著的《查理一世的个人统治》（*The Personal Rule of Charles Ⅰ*）提供的信息尤为丰富，它深入探讨了由国家资助的英国硝石官以及当时用于制造火药的硝石出现严重短缺的情况。关于英国保护硝石床、强调硝石重要性以及硝石官与英国王室关系的官方声明，参见詹姆斯·F. 拉金（James F. Larkin）和保罗·L. 休斯（Paul L. Hughes）编写的《斯图亚特皇室公告》（*Stuart Royal Proclamations*）。威廉·克拉克（William Clarke）于 17 世纪写的有趣的册子《硝石的自然史》（*The Natural History of Nitre*）和托马斯·查洛纳（Thomas Chaloner）的《对硝石最珍贵属性的简要论述》（*A Shorte Discourse of the Most Rare and Excellent Vertue of Nitre*）可在早期英语系列图书的微缩胶卷中找到。该系列收录了数百本古老稀有但语言晦涩的英文著作，可在大多数学术图书馆的馆藏中获取。

印度硝石贸易对当地经济非常重要，因此这个领域得到大多数研究印度历史的学者的关注。许多印度通史都概述了当时的政治形势，比如约翰·基伊（John Keay）的《让人尊敬的公司》（*The Honourable Company*）和宿迪塔·森（Sudipta Sen）的《遥远的统治：国家帝国主义与英属印度的起源》（*Distant Sovereignty：National Imperialism and the Origins of British India*）。关于英国、法国和荷兰的东印度公司在印度经济活动的书，通常只在部分章节和参考文献中提及硝石。如需详细阅读这方面的专著，可参阅霍尔登·弗伯

（Holden Furber）写的《东方贸易中的帝国竞争：1600—1800》（*Rival Empires of Trade in the Orient，1600‐1800*），纳拉扬·普拉萨德·辛格（Narayan Prasad Singh）写的《东印度公司在比哈尔邦的垄断工业，以鸦片和硝石为中心：1773—1833》（*The East India Company's Monopoly Industries in Bihar with Particular Reference to Opium and Saltpeter，1773‐1833*），以及K. N. 乔杜里（K. N. Chaudhuri）写的《亚洲贸易世界与英国东印度公司：1660—1760》（*The Trading World of Asia and the English East India Company，1660‐1760*）。

第三章 爆炸油和引爆装置：诺贝尔和硝酸甘油的可怕威力

许多关于爆炸物的通史都讲述了人们发现硝酸甘油的过程，比如 G. I. 布朗（G. I. Brown）的《大爆炸：爆炸物的历史》（*The Big Bang：A History of Explosives*）。另可参阅科尔内留斯·科莱蒂（Cornelius Keleti）收录在《硝酸和肥料硝酸物》（*Nitric Acid and Fertilizer Nitrates*）中关于这种化学物质的文章。关于诺贝尔早期开展炸药研究的具体情况和诺贝尔家族的详细情况，可参阅诺贝尔的传记，其中比较有代表性的作品包括埃里克·伯根格伦（Eric Bergengren）的《阿尔弗雷德·诺贝尔：他与他的事业》（*Alfred Nobel：The Man and His Work*）、赫尔塔·E. 保利（Herta E. Pauli）的《阿尔弗雷德·诺贝尔：炸药大王》（*Alfred Nobel：Dynamite King*）和尼古拉斯·哈拉斯（Nicholas Halasz）的《诺贝尔传》（*Nobel：A Biography*）。这三本书虽然年代有些久远，现在或许是时候出一本新的诺贝尔传记了，但它们能够相互佐证，较为客观地反映这位爆炸物之父极具传奇色彩的一生。由于诺贝尔大部分原始材料都用瑞典语写成，并保存于斯德哥尔摩的诺贝尔基金会，我在书中的大量直接引用都选自伯根格伦的作品，因为他最初用瑞典语完成这本传记，并且在写作过程中广泛参考了诺贝尔的个人和商业文件。任何一个好的学术图书馆都以微缩胶卷或胶片的形式保存有包括《旧金山纪事报》（*San Francisco Chronicle*）在内的早期报纸对相关事件的报道。

第四章 建设与毁灭：炸药和工程革命

对诺贝尔发现炸药的叙述，在所有关于硝酸甘油历史的书籍中基本都可找到。关于采矿业的历史，我的两个主要参考文献是哥斯塔·E. 桑德斯特罗姆

（Gösta E. Sandström）的《隧道修建史：历代地下工程》（*The History of Tunnelling：Underground Workings Through the Ages*）和帕特里克·比弗（Patrick Beaver）的《隧道的历史》（*A History of Tunnels*）。本书中对阿伽撒尔基德斯（Agatharchides）和格奥尔格·阿格里科拉（Georgius Agricola）的引用，主要转引自桑德斯特罗姆的作品。《纽约时报》（*New York Times*）和《哈珀新月刊》（*Harper's New Monthly Magazine*）等报刊对相关事件的报道可在学术图书馆的微缩胶卷或胶片中找到。

第五章　强大的"实力均衡器"：爆炸物带来的社会变化

火药在军事结构和社会秩序的变革上发挥的历史作用，是一个得到深入研究的领域。并非所有历史学家都能在火药重塑欧洲和东方社会中发挥的具体影响上达成一致意见，但我在本书中仅基于人们普遍接受的结果来展开讨论。在写作过程中，我参考了许多战争史方面的作品，对我帮助最大的是伯纳德·布罗迪（Bernard Brodie）和福恩·M. 布罗迪（Fawn M. Brodie）的《从十字弓到氢弹》（*From Crossbow to H-Bomb*）、西奥多·罗普（Theodore Ropp）的《现代世界的战争》（*War in the Modern World*）和约翰·基根（John Keegan）的《战争史》（*A History of Warfare*），基根的作品对我的启发和帮助尤其大。讨论爆炸物对社会带来的变化的两本经典著作是约翰·戴斯蒙德·贝尔纳（John Desmond Bernal）的《历史上的科学》（*Science in History*）和威廉·H. 麦克尼尔（William H. McNeill）的《火药帝国的时代：1450—1800》（*The Age of Gunpowder Empires，1450‑1800*）。关于克里斯蒂安·惠更斯（Christian Huygens）和德尼·帕潘（Denis Papin）的内容主要参考李约瑟的普里斯特利讲座（The Priestly Lecture）。

大多数关于战争的通史类书籍都会介绍普法战争，包括一些上文已经提到的文献。伯根格伦在《阿尔弗雷德·诺贝尔：他与他的事业》中介绍了诺贝尔在法国建立的炸药厂的情况，并分析了炸药对于加速普鲁士赢得这场战争所发挥的作用。罗伯特·考利（Robert Cowley）主编的《如果？著名历史学家们想象可能的未来》（*What If? The World's Foremost Military Historians Imagine What Might Have Been*）一书中也有专门的章节讨论普法战争，提供了许多有趣的细节。

第六章　发明、专利和诉讼：爆炸物的黄金时代

关于诺贝尔在美国的商业往来和不愉快经历，我主要参考了不同版本的诺贝尔传记。伯根格伦在传记中提供了大量关于诺贝尔商业帝国扩张的数据，包括工厂的数量及其在全球的分布情况。这些文献还提供了关于无烟火药诉讼案的基本信息，大多数关于炸药的通史类书籍（比如 G. I. 布朗的《大爆炸：爆炸物的历史》）都讨论了这个案件。尚班发现火棉的过程在许多介绍爆炸物发展史或化学史的书籍中都有介绍，还可以在乔治·麦克唐纳（George MacDonald）的《现代爆炸物的历史论文集》（*Historical Papers on Modern Explosives*）中阅读尚班本人对这一事件的叙述。

第七章　鸟粪贸易：智利硝石工人的灾难和硝石战争

鸟粪贸易是一个比较冷僻的话题，没有引起人们的广泛关注。吉米·斯卡格斯（Jimmy Skaggs）的《鸟粪热潮：企业家与美国海外扩张》（*The Great Guano Rush：Entrepreneurs and American Overseas Expansion*）不仅是这个领域最能全面和深入展现这个行业黑暗面的作品，可能也是唯一一部作品。乔治·W. 佩克（George W. Peck）的《墨尔本和钦查群岛以及对利马和环球航行的概述》（*Melbourne and the Chincha Islands；with Sketches of Lima，and a Voyage Round the World*）和约翰·莫尔斯比（John Moresby）的《新几内亚和波利尼西亚》（*New Guinea and Polynesia*）为我们提供了鸟粪贸易目击者的第一手资料。其他作品中也包含对于鸟粪工人的恶劣工作环境的描述，但上述作品的叙述最为生动，也最发人深省。W. M. 马修（W. M. Mathew）在《拉丁美洲研究》（*Journal of Latin American Studies*）发表的《原始的出口业：19世纪中期秘鲁的鸟粪生产》（A Primitive Export Sector：Guano Production in Mid-Nineteenth-Century Peru）一文，讨论了鸟粪贸易对秘鲁政府财政的影响。R. E. 科克尔（R. E. Coker）在《国家地理杂志》（*National Geographic Magazine*）上发表的《秘鲁的生财之鸟》（Peru's Wealth-Producing Birds）一文中介绍了鸟粪是如何在洋流、鸟类栖息等因素的影响下形成的。

智利的硝酸盐，又被称为智利硝石或智利生硝，曾在国际关系中发挥了重要作用，因此得到历史学家的普遍关注。M. B. 唐纳德（M. B. Donald）在《科学年鉴》（*Annals of Science*）中的《智利硝酸盐行业历史》（History of the Chile Nitrate Industry）一文中详细介绍了该行业在整个 19 世纪的发展情况。

此外，还可参阅哈罗德·布拉克摩尔（Harold Blackmore）的《英国硝酸盐和智利政治：1886—1896》（*British Nitrates and Chilean Politics，1886 - 1896*）一书和罗伯特·格林希尔（Robert Greenhill）、罗里·M. 米勒（Rory M. Miller）在《拉丁美洲研究》刊登的《秘鲁政府和硝酸盐贸易：1873—1879》（The Peruvian Government and the Nitrate Trade，1873 - 1879）一文。许多关于智利和秘鲁的通史类书籍中都包含对太平洋战争的可靠记载，比如威廉·萨特（William Sater）的《智利和太平洋战争》（*Chile and the War of the Pacific*）。关于鸟粪和硝酸盐在全球市场的消费数据，许多文献都有记录，其中记录最全面的是米尔科·拉莫尔（Mirko Lamer）的《世界肥料经济》（*The World Fertilizer Economy*）和威廉斯·海恩斯（Williams Haynes）的《第一次世界大战时期的美国化学工业：1912—1922》（*American Chemical Industry：The World War Ⅰ Period，1912 - 1922*）。

第八章　炸药的利润：献给科学界和人类文明的礼物

阿尔弗雷德·诺贝尔在意大利和瑞典度过的最后几年以及对他遗嘱的处理方式，许多文献都有所提及，但讨论得不够深入。任何一本诺贝尔的传记都或多或少谈到他晚年生活和他将所有财产致力于科学和人类发展的想法。此外，关于诺贝尔奖和获奖者的书籍也有数十本，其中比较新的一本书是伯顿·费尔德曼（Burton Feldman）写的《诺贝尔奖：关于天才、争议和声望的历史》（*The Nobel Prize：A History of Genius，Controversy，and Prestige*）。

关于诺贝尔遗嘱的具体执行情况，最权威和最详细的叙述来自诺贝尔的助理亨里克·舒克（Henrik Schuck）和朗纳·索尔曼（Regnar Sohlman）写的《阿尔弗雷德·诺贝尔的一生》（*The Life of Alfred Nobel*）。从这本有趣的书中，我们可以看到两位助理在缺少国际协议的先例、无法进行电子汇款的年代所面对的各种法律难题。这本书中还详细记录了他们在达成诺贝尔遗愿的过程中所处理的复杂的管辖权、司法和家族内部问题。伯根格伦写的诺贝尔传记中也将索尔曼在《遗嘱》（*A Will*）中对处理诺贝尔遗产的部分内容从瑞典语译入。

第九章　福克兰群岛海战：对全球硝石供应的争夺

科罗内尔海战和福克兰群岛海战是两场拥有详细历史记载的海战。全面介绍这两场战争比较出色的两本著作分别为保罗·G. 哈尔彭（Paul G. Halpern）的《第一次世界大战海军史》（*A Naval History of World War One*）和罗纳德·H. 斯佩克特（Ronald H. Spector）发表在罗伯特·考利主编的《大战：关于第一次世界大战的各种观点》（*The Great War: Perspectives on the First World War*）中的《第一次福克兰群岛海战》（The First Battle of the Falklands）一章。约翰·基根在《战争中的情报》（*Intelligence in War*）中也用了一章的篇幅讲述这两场战争，阐明了情报，尤其是无线电通信的使用，对指挥官决策的重要意义。

对于第一次世界大战期间各国对智利硝酸盐的迫切需求和激烈争夺，许多战争史书只简要提及。获取更多信息，可参阅格罗夫纳·克拉克森（Grosvenor Clarkson）的《世界大战时期的美国工业：1917—1918 年的后方战略》（*Industrial America in the World War: The Strategy Behind the Line, 1917‑1918*）和伯纳德·巴鲁克（Bernard Baruch）的《战争中的美国工业：战争工业委员会报告》（*American Industry in the War: A Report of the War Industries Board*）。这两本书中包含关于美国和其他协约国在硝酸盐事务上的信息与数据，还介绍了协约国运用政治手段通力获取德国在智利硝酸盐储备的详细过程。关于智利硝酸盐年出货量的增长数据，可参阅 M. B. 唐纳德在《科学年鉴》中的《智利硝酸盐行业历史》一文的第二部分、米尔科·拉莫尔的《世界肥料经济》以及威廉斯·海恩斯的《第一次世界大战时期的美国化学工业：1912—1922》。

第十章　化学战之父：弗里茨·哈伯改变世界的重大发现

关于弗里茨·哈伯的图书数量与他对世界的影响完全不成正比。关于哈伯最新的英文传记是莫里斯·戈兰（Morris Goran）已经出版 40 多年的《弗里茨·哈伯传》（*The Story of Fritz Haber*）。在爱德华·法伯（Eduard Farber）主编的《伟大的化学家》（*Great Chemists*）、弗里茨·斯特恩（Fritz Stern）的《梦想与错觉：德国历史的戏剧》（*Dreams and Delusions: The Drama of German History*）和较晚出版的瓦茨拉夫·斯米尔（Vaclav Smil）的《肥料的革命：弗里茨·哈伯、卡尔·博施和世界粮食生产的变革》（*Enriching the Earth: Fritz Haber, Carl Bosch, and the Transformation of World Food Production*）中，都包含对弗里茨·哈伯生平的介绍。此外，许多介绍诺贝尔奖和获奖者的书中也会提及哈伯以及他所做的工作，比如阿尔明·赫尔曼（Armin Hermann）的《德国的诺贝尔奖得主：德国人对科学、文学和国际和平的贡献》（*German Nobel Prizewinners：German Contributions in the Fields of Science，Letters，and International Understanding*）和伯顿·费尔德曼的《诺贝尔奖：关于天才、争议和声望的历史》。

有几本书讨论了哈伯的伟大发现对第一次世界大战结果的影响，比如哈伯的儿子 L. F. 哈伯（L. F. Haber）写的《化学工业：1900—1930》（*The Chemical Industry，1900 - 1930*）和杰弗里·艾伦·约翰逊（Jeffrey Allan Johnson）的《德国皇帝的化学家们：德意志帝国的科学和现代化》（*The Kaiser's Chemists：Science and Modernization in Imperial Germany*）。瓦茨拉夫·斯米尔的作品清楚地解释了这些发明背后的科学原理，希望从化学角度讨论相关问题的读者可参阅他的著作。关于哈伯在毒气研发上的工作，许多介绍第一次世界大战历史的书籍都进行了评价，但对毒气战以及哈伯在其中的角色讨论得最为深入的是 L. F. 哈伯的《毒云》（*The Poisonous Cloud*）。

后　记　战争与绿色革命

大多数大学图书馆一般藏有几本关于化肥的书籍，比如吉尔伯特·柯林斯（Gilbeart Collings）写的《商业肥料：来源与运用》（*Commercial Fertilizers：Their Sources and Use*）和科尔内留斯·科莱蒂主编的《硝酸和肥料硝酸物》。本书中关于目前农业中硝酸盐化合物的使用量，以及 20 世纪以来使用量飞速增长带来的问题，主要参考了瓦茨拉夫·斯米尔的《肥料的革命：弗里茨·哈伯、卡尔·博施和世界粮食生产的变革》一书。斯米尔还详述了哈伯的发明被推广以来全球人口的增长情况。关于火药和炸药的相关引述主要摘自 J. R. 帕廷顿的《希腊火和火药的历史》和约翰·巴特利特（John Bartlett）的《常用巴特利特名言警句》（*Bartlett's Familiar Quotations*）等文献。

参考文献

Bacon, Roger. *The Mirror of Alchemy: Composed by the Thrice-Famous and Learned Fryer Roger Bacon*, edited by Stanton J. Linden, reprinted New York: Garland, 1992. Original printed in London for Richard Olive, 1597.

Baruch, Bernard M. *American Industry in the War: A Report of the War Industries Board*. New York: Prentice-Hall, 1941.

Beaver, Patrick. *A History of Tunnels*. London: Peter Davies, 1922.

Bergengren, Erik, translated by Alan Blair. *Alfred Nobel: The Man and His Work*. London: Thomas Nelson and Sons, 1962.

Berhard, C. G. , E. Crawford, and P. Sorbom, eds. *Science, Technology and Society in the Time of Alfred Nobel: Nobel Symposium 52*. New York: Pergamon, 1982.

Bernal, J. D. *Science in History*. Cambridge, Mass.: MIT Press, 1965.

Blackmore, Harold. *British Nitrates and Chilean Politics, 1886 - 1896*. London: The Athlone Press, University of London, for the Institute of Latin American Studies, 1974.

Brodie, Bernard, and Fawn M. Brodie. *From Crossbow to H-Bomb*. Bloomington and London: Indiana University Press, 1973.

Brown, G. I. *The Big Bang: A History of Explosives*. Stroud, Gloucestershire: Sutton Publishing, 1998.

Chaloner, Thomas, Sir. *A Shorte Discourse of the Most Rare and Excellent Vertue of Nitre*. London, Imprinted by G. Dewes, 1584, microfilm. Early English

Books series, 1641 – 1700. Ann Arbor: University Microfilms International, 1971.

Charles Ⅱ, England and Wales, Sovereign. *By the King, A Proclamation Prohibiting the Exportation of Saltpeter.* London: printed by John Bill and Christopher Barker, 1663, microfilm.

Chaudhuri, K. N. *The English East India Company: The Study of an Early Joint-Stock Company, 1600 – 1640.* London: Frank Cass and Co. , 1965.

Chaudhuri, K. N. *The Trading World of Asia and the English East India Company, 1660 – 1760.* Cambridge: Cambridge University Press, 1978.

Church of England. *A Form of Prayer with Thanksgiving to Be Used Yearly upon the Fifth Day of November.* London: s. n. , 1685, microfilm, 1980.

Churchill, Winston S. *A History of the English-speaking Peoples.* New York: Dodd, Mead, 1958.

Churchill, Winston S. *World Crisis*, Part 2; 1916 – 1918. London: Thornton Butterworth, 1927.

Clarke, William. *The Natural History of Nitre; or, a Philosophical Discourse of the Nature, Generation, Place, and Artificial Extraction of Nitre, with Its Verture and Uses.* England, c. 1670, microfilm. Early English Books Series, 1641—1700. Ann Arbor: University Microfilms International, 1971.

Clarkson, Grosvenor B. *Industrial America in the World War: The Strategy Behind the Line, 1917 – 1918.* Boston: Houghton Mifflin, 1923.

Coker, R. E. "Peru's Wealth-Producing Birds: Vast Riches in the Guano Deposits of Cormorants, Pelicans, and Peterels Which Nest on Her Barren, Rainless Coast." *National Geographic Magazine*, June 1920.

Collings, Gilbeart H. *Commercial Fertilizers: Their Sources and Use*, 5th ed. New York: McGraw-Hill, 1955.

The Trial of Guy Fawkes and Other (The Gunpowder Plot). Edited by Carswell, Donald. Notable British Trials series. Toronto: Canada Law Book, 1934.

Cowley, Robert, ed. *What If? The World's Foremost Military Historians Imagine What Might Have Been.* New York: G. P. Putnam's Sons, 1999.

Cowley, Robert, ed. *The Great War: Perspectives on the First World War.*

New York: Random House, 2003.

Dolan, John E., and Stanley S. Langer, eds. *Explosives in the Service of Man: The Nobel Heritage*. The Royal Society of Chemistry, London, 1996.

Donald, M. B. "History of the Chile Nitrate Industry." *Annals of Science*, vol. 1, no. 1, 1936.

Farber, Eduard, ed, *Great Chemists*. New York: Interscience Publishers, 1961.

Feldman, Burton. *The Nobel Prize: A History of Genius, Controversy, and Prestige*. New York: Arcade Publishers, 2000.

Fraser, Antonia. *Faith and Treason: The Story of the Gunpowder Plot*. New York: Doubleday, 1996.

Frothingham, Thomas G. *The Naval History of the World War: Offensive Operations, 1914 - 1915*, 3 vols. Cambridge: Cambridge University Press, 1924 - 1926; reprint Freeport, N. Y.: Books for Libraries, 1971.

Furber, Holden. *Rival Empires of Trade in the Orient, 1600 - 1800*. Minneapolis: University of Minnesota Press, 1976.

Goran, Morris. *The Story of Fritz Haber*. Norman: University of Oklahoma Press, 1967.

Greenhill, Robert, and Rory M. Miller. "The Peruvian Government and the Nitrate Trade, 1873 - 1879." *Journal of Latin American Studies*, vol. 5, no. 1, May 1973.

Haber, L. F. *The Chemical Industry, 1900 - 1930*. Oxford: Clarendon Press, 1971.

Haber, L. F. *The Poisonous Cloud: Chemical Warfare in the First World War*. Oxford: Oxford University Press, 1986.

Halasz, Nicholas. *Nobel: A Biography*. New York: Orion Press, 1959.

Hall, Bret S. *Weapons and Warfare in Renaissance Europe: Gunpowder, Technology, and Tactics*. Baltimore: Johns Hopkins University Press, 1997.

Halpern, Paul G. *A Naval History of World War One*. Annapolis, Md.: Naval Institute Press, 1994.

Hawkins, Nigel. *The Starvation Blockades*. Barnsley: Leo Cooper, 2002.

Haynes, Alan. *The Gunpowder Plot: Faith in Rebellion*. Stroud, England:

Grange Books, 1994.

Haynes, Williams. *American Chemical Industry: The World War I Period, 1912 - 1922.* New York: D. Van Nostrand Company, 1945.

Hermann, Armin. *German Nobel Prizewinners: German Contributions in the Fields of Science, Letters, and International Understanding.* Munich: H. Moos, 1968.

James I, England and Wales, Sovereign. *By the King: A Proclamation for the Preservation of Grounds for Making of Salt-peter, and to Restore Such Grounds which now are Destroyed, and to Command Assistance to be Given to His Majesties Salt-peter Makers.* London: Bonham Norton and John Bill, Printers to the Kings most Excellent Majesty, 1624. Microfilm.

James, Peter, and Nick Thorpe. *Ancient Inventions.* New York: Ballantine Books, 1994.

Johnson, Jeffrey Allan. *The Kaiser's Chemists: Science and Modernization in Imperial Germany.* Chapel Hill: University of North Carolina Press, 1990.

Keay, John, *The Honourable Company: A History of the English East India Company.* New York: Macmillan, 1994.

Keegan, John. *A History of Warfare.* Toronto: Key Porter Books, 1993.

Keegan, John. *Intelligence in War: Knowledge of the Enemy from Napoleon to Al-Queda.* Toronto: Key Porter Books, 2003.

Keleti, Cornelius, ed. *Nitric Acid and Fertilizer Nitrates.* New York and Basel: Marcel Dekker, 1985.

Lamer, Mirko. *The World Fertilizer Economy.* Stanford: Stanford University Press, 1957.

Larkin, James F., and Paul L. Hughes, eds. *Stuart Royal Proclamations.* Oxford: Clarendon Press, 1973.

Lawson, Philip. *The East India Company: A History.* New York: Longman, 1993.

Leconte, Joseph. *Instructions for the Manufacture of Saltpeter.* Columbia, South Carolina: Charles P. Pelham, State Printer, 1862.

Lloyd George, David. *War Memoirs*, 6 vols. Nicholson and Watson, 1933 - 1936.

MacDonald, George W. *Historical Papers on Modern Explosives.* London and New York: Whittaker and Co. , 1912.

Mathew, W. M. "A Primitive Export Sector: Guano Production in Mid-Nineteenth-Century Peru." *Journal of Latin American Studies,* vol. 9, no. 1, May 1977.

McNeill, William H. *The Age of Gunpowder Empires, 1450 – 1800.* Washington: American Historical Association, 1989.

Munroe, C. E. "The Nitrogen Question from the Military Standpoint." *Annual Report of the Board of Regents of the Smithsonian Institution.* Washington, D. C. : Smithsonian Institution, 1910.

Moresby, John. *New Guinea and Polynesia. Discoveries and Surveys in New Guinea and the D'Entrecasteaux Islands: A Cruise in Polynesia and Visits to the Pearl-Shelling Stations in Torres Straits of H. M. S. Basilisk.* London: J. Murray, 1876; reprinted New York: Elibron classics, 2002.

Needham, Joseph. *Science and Civilization in China,* vol. 5. Cambridge: Cambridge University Press, 1976.

Needham, Joseph. *The Priestly Lecture.* London: The Royal Society of Chemistry, 1983.

Padfield, Peter. *The Great Naval Race: The Anglo-German Naval Rivalry, 1900 – 1914.* London: Hart-Davis, MacGibbon, 1974.

Partington, J. R. *A History of Greek Fire and Gunpowder.* New York: Barnes and Noble, 1960.

Partington, J. R. *A History of Chemistry,* 4 vols. New York: St. Martin's Press, 1961 – 1964.

Pauli, Herta E. *Alfred Nobel: Dynamite King, Architect of Peace.* New York: L. B. Fischer, 1942.

Peck, George W. *Melbourne and the Chincha Islands; with Sketches of Lima, and a Voyage Round the World.* New York: Charles Scribner, 1854.

Ramachandran, C. *The East India Company and the South Indian Economy.* Madras: New Era, 1980.

Ray, Indrani. *The French East India Company and the Trade of the Indian*

Ocean: A Collection of Essays. New Delhi: Munshiram Manoharlal Publishers, 1999.

Reasons Humbly Presented to the Consideration of the Honourable House of Commons, for the Passing a Bill now Depending for the Importation of Saltpetre Occasioned by a Printed Paper, Called The Salt-Petre Case. London: s. n. , 1693, microfilm. Early English Books series, 1641 – 1700. Ann Arbor: University Microfilms international, 1971.

Ropp, Theodore. *War in the Modern World.* New York, London: Collicer Macmillan, 1962.

Sandström, Gösta E. *The History of Tunnelling: Underground Workings Through the Ages.* London: Barrie and Rockliff, 1963.

Sarkar, Jagadish Narayan. "Saltpeter Industry of India." *Indian Historical Quarterly,* vol. 13, 1938.

Sarton, George. *Introduction to the History of Science,* 3 vols. Baltimore: Williams & Wilkins, 1950.

Sater, William F. *Chile and the War of the Pacific.* Lincoln: University of Nebraska Press, 1986.

Schuck, Henrik, and Ragnar Sohlman. *The Life of Alfred Nobel.* London: William Heinemann, 1929.

Sen, Sudipta. *Distant Sovereignty: National Imperialism and the Origins of British India.* New York: Routledge, 2002.

Sharpe, Kevin. *The Personal Rule of Charles Ⅰ.* New Haven and London: Yale University Press, 1992.

Singh, Narayan Prasad. *The East India Company's Monopoly Industries in Bihar with Particular Reference to Opium and Saltpeter, 1773 – 1833.* Muzaffarpur, India: Sarvodaya Vangmaya, 1980.

Skaggs, Jimmy M. *The Great Guano Rush: Entrepreneurs and American Overseas Expansion.* New York: St. Martin's Press Griffin, 1994.

Smil, Vaclav. *Enriching the Earth: Fritz Haber, Carl Bosch, and the Transformation of World Food Production.* Cambridge, Mass. : MIT Press, 2001.

Stern, Fritz. *Dreams and Delusions: The Drama of German History.* New York: Knopf, 1987.

Wegener, Wolfgang. *The Naval Strategy of the World War.* Annapolis: Naval Institute Press, 1989. Original published in Garman in 1929.

Williamson, Hugh Ross. *The Gunpowder Plot.* New York: Faber and Faber, 1951.

Zanetti, J. Enrique. *The Significance of Nitrogen.* New York: Chemical Foundation, 1932.

索　引

（页码为原书页码，即本书页边码）

Abd Allah, 20

Abel, Frederick, 125 — 26, 128 — 29, 131, 140

   cordite patented by, 137—39

Académie Royale des Sciences, 113

Agatharchides, 71—73

Agricola, Georgius, 73

Albertus Magnus, 20

alchemy, 15, 53

algal blooms, 237

Alsace, 117—18

American Polynesia, 147

American Revolution, gunpowder in, 47—48

ammonia synthesis, Haber-Bosch, xiii, 210—13, 216—18, 220, 227, 231—32, 236

ammonium nitrate, 3

ammonium sulfate, 215

angina pectoris, 166

Antofagasta(Bolivia; *now* Chile), 155, 161—62, 201

Antwerp(Belgium), 198

aqua fortis 53

Ardeer (Scotland), 131—32

Armada, Spanish, x, 9

arquebus, 23

artillery

   Cervantes on, 97

   dangerousness of, 100—1

   smokeless powder and concealment of, 135—36

   warfare transformed by, 101—2

   World War Ⅰ British shortage of, 198—99

   See also bombards, cannons

Asquith, Herbert, 200

Atacama Desert, xii, 4, 115, 148, 158, 162

Atlas Powder, 83, 122, 141

Atmospheric Products Company, 210, 214

Aubers Ridge, Battle of (1915), 199—200

Aurangzeb(Mughal emperor), 44

Australia

   dynamite in, xiii, 82, 94, 132

   guano as fertilizer in, 146

   nitroglycerin in, 65, 67

Australia Lithofracteur Company, 132

Austria-Hungary, 82

   ballistite in, 141

Aztecs, x

Babar, x, 108—9
Bacon, Roger, ix, 13—16, 20, 25
Badische Anilin und Soda Fabrik (BASF), 212, 217—19, 227
ballisitie, 134—41
Baltic Sea, collapse of cod fishery in, 237
Barbe, Paul François, 116, 118, 137
barium nitrate, 129
Baruch, Bernard, 201—3
Bate, John, 25
Beaver, Patrick, 78
Beldar caste, 39—40
Belgium
    German capture of nitrates in, 198
    nitroglycerin in, 68—69, 81, 125
Bengal, x, 40, 42, 47—48
Benson, Alfred, 147
Bergengren, Eric, 65, 81—82, 115, 118, 166
Bernal, J.D., 114
Bihar (India), x, 40, 43—44, 47—48
Billingham (Britain), 220
Bismarck, Otto von, 116—17
blackbirding, 152
black powder. See gunpowder
blasting gelatin (gelignite), xii, 84, 126, 132
    guns and cannons not suited to, 133
blasting oil. See nitroglycerin
Bofors (Sweden), 168—69, 178
Bolivia
    Atacama Desert and, 148
    caliche exports from, 154—55, 160—61
    1842 war between Peru and, 153
    in War of the Pacific, 157, 161—62
Bollstadt, Count Albert of. See Albertus Magnus

bomb, first description of, 20
bombards, 23, 98—99
    Urban's, 107
Book of Fires for Consuming the Enemy, The, 18, 20
Bosch, Carl, 212, 217—18, 220, 222. See also ammonia synthesis, Haber-Bosch
Boulder Dam (Hoover Dam), 94
Bourne, William, 20
Brazil, 82
Bremerhaven (Germany), nitroglycerin accident in, 67
brimstone. See sulfur
Bristol (light cruiser), 194
Britain (England)
    attempted production of synthetic nitrogen in, 220
    ballistite rejected by, 137—38
    dynamite in, 82, 125, 129—32
    gas war experiments of, 222
    guano and caliche fertilizers in, 146, 159
    guncotton in, 127—30, 130
    Gunpowder Plot in, 7—12, 13, 23
    Haber in, 230—31
    naval enforcement of antikidnapping laws of, 153
    nitroglycerin in, 65—66, 69, 125, 129
    Nobel on conservatism of, 167
    Nobel's patents in, 125—26
    saltpeter policy of, x, 33—48
    Severn Tunnel in, xiii, 91—92
British Association for the Advancement of Science, 213
British Dynamite Company, Ltd., xii, 131—32, 162
Brittany, 100
Brodie, Bernard and Fawn M., 117
Brown, G.I., 20, 63, 132—33, 198—99,

216
Bunsen, Robert, 209
Bunsen flame, 210
Burgundy, fall of, 99
Burstenbinder, Otto, 79
Byers, S. H. M. , 88
Byzantine Empire, fall of, 106—8

Caen (France), 97
Calais (France), 99
calcium carbide, 213
caliche, xii, 145, 147—48, 154—63
  for fertilizer, 156
  foreign ownership of Chilean industry
    for, 204
  origin and descriptions of, 157—59
California Powder Works, 124
Callao (Peru), 149, 153
Cambridge University, 230—31
Campbell, James H. , 122
camphor, 135, 138
Canada, 82, 93
Canadian Pacific Railway, 93
canal-building
  with dynamite, 93—94
  with gunpowder, x, xi, 77—78
Canal du Midi (France), 78
cannons, 103
  in fall of Constantionople, 107—8
  first, 22—23
  in Hundred Years War, 98—99
  Japanese rejection of, x, 111—12
  medieval world ended by, 114
  Mughal, 108—9
  See also artillery, bombards
Canopus (battleship), 187—88, 190, 195
Carlyle, Thomas, 105
Carnarvon (armored cruiser), 194
Catesby, Robert, 9—10

cavalry charges, 104
celluloid, 135
cellulose, 83
Central Pacific Railroad, 65, 79, 124
Cervantes, Miguel, Don Quixote, 97, 104
Chaloner, Thomas, 28
Chandler, Zachariah, 123
charcoal, 27—28
Charles I (king of England), saltpeter
  policy of, x, 33—37
Charles VIII (king of France), 100—1
Charles the Bold (duke of Burgundy), 99
Charnock, Job, 44
Chaudhuri, K. N. , 42
chemical weapons. See gas warfare
Chile
  ammonia synthesis and economy of, 231—
    32
  Atacama Desert and, 148
  caliche exports from, 155, 160—63
  nitrates of, 4, 187, 194, 197—98, 200,
    217—18
  Spanish 1865 action vs. , 153
  in War of the Pacific, 157, 161—62
  World War I and, 190, 192, 197—98,
    201—5
China
  battlefield flamethrowers in, 18—19
  earliest black powder weapons in, 22
  guano and caliche laborers from, 152—
    53, 155
  guano as fertilizer, in, 146
  gunpowder in, ix, 19, 109
  gunpowder weapons restricted by, 109—
    11
  Opium War in, 110
Chincha Islands, 145, 149—54, 155
chlorine gas, xiv, 222—24
Churchill, Winston, 104, 192, 194, 196,

200, 202－3
on Chilean nitrates, 185
Civil War (War Between the States), xii, 147
gunpowder during, 48, 156
Clarke, William, 7, 21, 29－31, 33, 38, 100, 104－5, 238
The Natural History of Nitre, 41
Clarkson, Grosvenor, 187, 205
Clermont, Duke of, 98
Cliffite, 122
Clive, Robert, 46
coal, in obtaining synthetic nitrogen, 214－16
coal gas, 215
coal mining, 83－84
Cobbett, William, 238
Coker, R. E., 145
coking of coal, 214－16
Coleridge, Samuel, 26
collodion, 83, 126, 134, 138
Columbus, Christopher, x
Constantine XI (Paleologus), 107－8
Constantionople
fall of (1453), x, 106－8
Greek fire in, ix, 17－18
Cook, James, xi
copper mining, x, 74－75
cordite xiii, 137－41
Nobel's royalties from, 141
Corinth Canal (Greece), xiii, 93
corned powder, 21
Cornwall (armored cruiser), 194
Coronel (Chile), 196
Naval Battle of (1914), xiv, 163, 185－90, 193
Craddock, Sir Christopher, 187－90, 196
Crécy, Battle of (1346), ix, 22, 97
Crimean War (1854－1856), xii, 56－57, 156
Crookes, Sir William, 213
culverins, 98
cyanamide, 213－14, 219－20

dams, hydroelectric, 94
Danube River, 94
Darwin, Charles, xi, 149
Davy, Sir Humphry, 77
Delhi (India), 109
Delium, Battle of (424 B.C.), 16－17
de Milamete, Walter, 22
Denmark, Indian saltpeter in, 47
De re metallica (Agricola's book), 73
Dewar, James, 138－39
disciplined armies, 105－6
Donald, M. B., 148, 157
Dresden (light cruiser), 187, 196
Dupleix, Joseph François, 46
Du Pont, Lammot, 156
Du Pont de Nemours and Company, 122, 125
Dutch East India Company, 42－47
dynamite
accidents with, 93, 130
American swindlers in, 124－25
in Britain, 82, 125, 129－32
commercial packaging of, 81
and end of Franco-Prussian War, 175
French gunpowder monopoly and, 115－16
industry and warfare transformed by, 3, 5, 81, 84－86, 85, 95－96, 238
Nobel's invention of, 2－3, 80－81, 114
Nobel's varieties of, 83
Parsons on uses of, 239
worldwide use of, 82

Easter Island

German World War Ⅰ rendezvous at, 186
kidnapping of population of, 152
East India Company (English), xi, 42—47
Ecuador, 1859 war between Peru and, 153
Edison, Thomas Alva, 71
Egypt
ancient, miners in, 71—73
Suez Canal of, 93
Einstein, Albert, 231
electric arc, for obtaining synthetic nitrogen, 213—14
Elizabeth Ⅰ (queen of England), 8 — 9, 12, 36
engine, steam, 113—14
England. See Britain
Ericsson, John, 56
Erie Canal, xi, 78, 93
European (steamship), 67
Explosives Act of 1875 (Britain), 131
explosives industry
competition within, 137—41
Nobel as father of modern, 85
See also specific explosives

Falkland Islands, in World War Ⅰ, 190, 194—97, 199
Falu copper mine (Sweden), x, 74—76
Faversham (England), 127, 130
Favre, Louis, 87, 89, 92
Fawkes, Guy, x, 7—12, 13, 23
Feldman, Burton, 181
fertilizers
guano and caliche, 145—48, 156
Haber's contribution to problem of, 234—35
history of, 233—34
saltpeter, 234
synthetic, 5, 213, 217, 219, 231

washing away of, 236—37
feudalism
artillery and end of, 101—6
in Japan, 111
Finland, 65, 82
fire birds, 18
fire mining, 73—75
fireworks, Chinese, 19
Fischer, Emil, 219, 222
Fisher, Sir John, 192, 194
fisheries, synthetic nitrogen's effect on, 237
flamethrowers, medieval Chinese, 18—19
Flood Rock (New York City), 91
Formigny, Battle of (1449), 97—99
Forsyth, Alexander John, 59—60
fortifications, artillery and development of, 101—2
France
attempted production of synthetic nitrogen in, 220
dynamite factories in, 82
dynamite restricted by, 115, 118
engineering with gunpowder in, 77—78
gas war experiments of, 222
guano as fertilizer in, 146
gunpowder and Seven Years War defeat of, 47
nitroglycerin banned in, 68—69
Nobel on people of, 167
Poudre B vs. ballistite in, 133—34, 136—37
Third Republic proclaimed in, 116
World War Ⅰ nitrates shortage in, 200—1
Franciscans, 14, 16
Franco-Prussian War (1870 — 1871), xii, 115—18, 175, 218
Franklin, Benjamin, 48
Frederick Ⅱ (Holy Roman Emperor), 86

Freiburg (Germany), 23

Frejus (Alpine tunnel), 95

French, Sir John, 199

French East India Company, 46—47

Frothingham, Thomas G., 197

Furber, Holden, 42, 48

Gambetta, Léon, 116

gas warfare, 229

    Haber as inventor of, 1, 222—28

    moral opposition to, 222—23, 227—28

gelignite. *See* blasting gelatin

German Bunsen Society, 210

German Far East Fleet (World War Ⅰ), 186

Germany

    ballistite in, 141

    caliche conversion in, xii, 156

    dynamite factories in, 82

    guano as fertilizer in, 146

    military use of dynamite by, 115—16

    and nitrates in World War Ⅰ, 1—2, 4, 197—98, 217—20

    nitroglycerin accident in, 67

    Nobel's factory in, 65

    Nobel's patents in, 125

    war reparations of, 229

    World War Ⅰ blockade of, 197—98, 217, 227

Giant No.1, 124—25

Giant Bowder Company, 124—25

Gibbs, Anthony, and Sons, 147, 160—61

Gibbs, William, 159—60

Glasgow (light cruiser), 187—90, 192, 194

Glasgow (Scotland), 131

glycerin, 53, 60. 131

Gneisenau (armored cruiser), 185—86, 199

Goa, 42

gold mining, ancient Egyptian, 71—73

Good Hope (warship), 187, 189

Goran, Morris, 215

Gotthard (Alpine tunnel), 95—96

Grand Coulee Dam, 94

graphite, 156

Great Barrier Reef, dead zone near, 237

Great Eastern Chemical Works (England), 128

Greece

    ancient, miners in, 72—73

    modern, 82, 93

Greek fire, ix, 16—20, 106

    books with descriptions of, 18—20

Greenhill, Robert G., 159

guano, xi, 4, 143—54, 234

    competitors to, 154

    as fertilizer, 145—46

    for saltpeter, 145

Guano Island Annexation Act, xii, 147

Gulf of Mexico, dead zone in, 237

guncotton, xii, 54, 126—29, 130, 134

    in cordite, 138

    guns and cannons not suited to, 133

gunpowder (black powder)

    accidental explosions of, 77

    in American Revolution, 47—48

    artillery's first use of, 98—100

    Bacon's experiments with, ix, 13, 15—16, 20, 25

    from caliche, 156

    Chinese rejection of, 109—11

    components of, 25—26, 48

    containment of, 21—22

    early use of, 2, 20—23

    engineering projects built with, 77—79

    French monopoly in, 115

    Japanese rejection of, 112

as making all men tall, 105
military shortcomings of, 133
in mining, 75－79
nitroglycerin compared to, 63
Nobel opposed by interests in, 115, 122
nonmilitary inventions based on, 112－14
origin, of, 19－20
smokeless powder compared to, 135－36, 141
Gunpowder Plot (1605), 7－12, 13, 23
guns, earliest use of, 22

Haber, Charlotte Nathan, 227
Haber, Clara, 226
Haber, Fritz, 211
as army sergeant and captain, 224, 228
background of, 207－10
death of, 231
extracting gold from seawater attempted by, 229
as "Father of Gas Warfare," 225, 228
gas war inventions of, 1, 222－28
honors to, 227
new age of fertilizers began by, 234－35
Nobel Prize awarded to, 1, 4－5, 182－83, 208, 221, 227, 231, 238
on patriotism, 207
synthetic nitrogen created by, 1－2, 4, 216－20, 238
Haber, Hermann, 226－27
Haber, L. F., 219, 226, 228
Hague conventions (1899; 1907), poison gas in, 223
Halifax (Canada), 201
Hallett's Reef (New York City), blasting of, 89－91
Harper's New Monthly Magazine, 88
Haynes, William, 191, 201, 205, 218, 233
Heidelberg University, 209
Heleneborg (Sweden), Nobels' laboratory in, 51－52, 57－62, 122
police investigation of blast in, 61－62
Hell Gate (New York City), 90－91
Henry Ⅷ (king of England), 8
Hercules Powder, 83, 122, 124－25, 141
Hertzman, Carl Eric, 51－52
Hess, Sofie, 137, 182
Hills, F. C., 156
Hirst, Lieutenant, 189
Homer, 26
Hoosac Tunnel (Massachusctts), xii, 92
Horne, Alastair, 117
Howden, Jimmie, 124
Huascar (steam warship), 161
Humboldt, Alexander von, 144
Hundred Years War, ix－x, 97－99
Huygens, Christian, 113

Igor (prince of Kiev), ix, 17
Inca Empire, x, 145
India
Babar's invasion of, 108－9
English defeat of French in, xi
guano as fertilizer, in, 146
saltpeter from, x, 38－49
Industrial Revolution, 114
industrial secrets, explosives as, 134－35
Inflexible (battle cruiser), 194, 199
Initial Ignition Principle, 59
International Nitrate Executive, 203
Invincible (battle cruiser), 194
iodine, 156
Iquique (Chile), 149, 162, 201
Iron Gates (Romania), 94
Islamic troops, Greek fire used against and by, 17－18

Italy, 82, 92
 ballistite produced for, 136−37
 French conquests in, 100
 French fear of, 136−37

James Ⅰ (king of England), 8, 10
James Ⅱ (king of Scotland), 100−1
Japan
 cordite in, 141
 dynamite in, 82
 gunpowder and social structure of, 111−12
Jerome of Ascali, 16
Jervoise, Sir Thomas, 36
Johnson, Jeffrey Allan, 219, 224
Johnson, Samuel, xi
Judson Powder, 83

Kaiser Wilhelm Institute (Berlin), 220, 229−30
Kallinikos (Callinicus), 17
Karlsruhe technical institute, 209, 217, 221
Karolinska Institute, 181
Kay, Lord Chief Justice, 139
Keegan, John, 99, 100, 104−5, 112, 194−95
Kent (armored cruiser), 194
kieselguhr, 80−81, 122, 131
Kiev, kingdom of, ix, 17−18
Kinsky, Bertha, 172−77
knighthood, artillery and the end of, 102−5
Kororiot Creek (Australia), 132
Krebs, Friedrich, 132
Krümmel (Germany), Nobel's factory in, 65, 68, 80
Kyriel, Sir Thomas, 97−98

laborers
 dynamite's toll on, 95−96
 in guano and caliche industries, 150−53, 155, 155
 in Swedish copper mining, x, 74−75
Lake Malaren barge-factory, 62
Languedoc Canal (France), x, 77−78
Lavoisier, Antoine-Laurent, 47
Le Bouchet (France), 128
Leipzig (light cruiser), 187−88
Leonardo da Vinci, 14−15, 113
Lesseps, Ferdinand de, 93−94
Leuna (Saxony, Germany), 1, 219−20
Lilljeqvist, Rudolf, 178, 180
Lincoln, Abraham, 147
Lindhagen, Carl, 180
Linnaeus, Carolus, x, 74−75
Lithofracteur, 122, 132
Li Tsung (Chao Yun; Southern Song emperor), 19
Lloyd George, David, 200
Lobos Islands, 147
London Underground, 94
longbow archers, 97, 104
Lopez Vaz, 143
Lorraine, 117−18
Louis Ⅺ (king of France), 99−100, 106

MacDonald, George, 53
MacNeill, William H., 101, 110
Madras (India), 46
Marignano, Battle of (1515), 102
Markus the Greek, ix, 18, 20
Mehmed Ⅱ (Mohammed Ⅱ, Ottoman sultan), x, 106−8
Melanesian guano laborers, 152
mercury fulminate, 59−60
Middle Ages
 end of, x, 106

mines in, 73
mill cake, 21
Miller, Rory M. , 159
Miller, Sebastian, 238
Milton, John, 26
miners. *See* laborers
mines, naval, 55—57
mining
  ancient Egyptian, 71—73
  coal, 83—84
  dynamite in, 84—85, 85
  fire, 73—75
  guncotton in, 127—28
  gunpowder in, 75—79
  safety inventions for, 77
Mittag-Leffler, Gösta, 172
Mittasch, Alwin, 212
Moche people, 145
Mohammed Ⅱ (Mehmed Ⅱ , Ottoman
  sultan), x, 106—8
Mongols, 19, 45
Monmouth (armored cruiser), 187, 189
Monteagle, Lord (William Parker), 10
Moresby, John, 151
Mosul (steamship), 67
mothert-of-Peter, 32
Mount Rushmore (South Dakota), 94
Mughal Empire, 43—47, 108—9
Munroe, C. E. , 162
Muscle Shoals (Alabama), 220
Musconetcong Tunnel (Pennsylvania), 92
muskets, 23
mustard gas, 225

Nagashimo, Battle of (1575), 111
Naples, kingdom of, 100
Napoleonic Wars, xi, 48, 149, 197
Napoleon Ⅲ (emperor of the French), 61,
  115—16

Negreiros, 158
Nelson, Horatio, xi
Nernst, Walther, 210—11
Netherlands, American Revolutionary
  purchase of gunpowder from, 48
Newcomen, Thomas, 114
Newton, John, 90—91
New York Barge Canal, 93
New York City
  1876 East River blasting in, xii, 89—91
  subway in, xiii, 94
New York Times, 90—91
Niagara Falls, 210, 214
nightsoil, saltpeter from, 30
Nitrate Plant No. 1 and 2 (World War Ⅰ),
  220
Nitrate War. *See* War of the Pacific
nitric acid, 53, 60, 83, 126, 145, 215,
  218
nitrocellulose, 83, 126, 134—35, 138
nitrogen
  fixation of, 213
  in guano, 145
  synthetic, 5, 205, 213—20, 235—37
nitroglycerin
  for angina pectoris, 166
  banning of, 68—69
nitroglycerin (*continued*)
  commercial packaging of, 65—66
  dangerous qualities of, 53—55, 66—69,
    79—80
  discovery of, xii, 52—54, 114
  in dynamite, 3, 81
  guns and cannons not suited to, 133
  headaches from, 166
  laboratory explosion of, 51—52
  Nobel's process for igniting of, 59—61
  in smokeless powder, 135, 138
  U. S. law and company for, 123—24

Nitroglycerin Act (Britain), 129, 131

Nobel, Alfred, 51, 59
  antiwar sentiments of, 167, 172−78
  background of, 55−58
  ballistite (smokeless powder) of, 134−41
  death of, 170
  on dynamite's safety, 130
  explosion in laboratory of, 52
  Franco-Prussian War factory of, 116, 118
  handwriting of, in last will, 174
  invention of dynamite by, 2−3, 80−81
  last will and testament of, 163, 170−82
  as merchant of death, 238
  mistress of, 137, 182
  mitroglycerin headaches of, 166
  patents of, 60, 65, 68, 80−81, 121−25, 132, 138−39, 166−67
  personal charcteristics of, 63−64, 84, 139, 177−78
  problem of country of residency of, 179−80
  size of fortune of, 169
  transport ships of, 131

Nobel, Andriette (Nobel's mother), 55, 57, 64
Nobel, Emanuel (Nobel's nephew), 180
Nobel, Immanuel (Nobel's father), 52, 55, 57−58, 61−62, 64
Nobel, Ludvig, 55, 57, 137, 168, 180
Nobel, Oscar-Emil, 51−52, 57−58, 63, 177
Nobel, Robert, 57−58, 62, 168−69, 180
Nobel Brothers Naphtha Company, 180
Nobel family and Nobel's last will, 179−80
Nobel Foundation, 179−81
  establishment of, 182−83

Nobel Prize
  first awards of, xiii
  Haber's winning of, 1, 4−5, 182−83, 208, 221, 227, 231, 238
  mathematics not included, 172
  in Nobel's last will, 171−77
Nobel's Blasting Oil, 63, 65
Nobel's blasting powder. See ballistite
Nobel's Explosives Company, Ltd., 132, 138−39, 141
Nobel's Patent Detonator, 60−63
Nobel's Safety Powder, 81
Norway, 65−66, 68, 82, 141
  Nobel peace prize awarded by parliament of, 181
Nunia caste, 39−40
Nürnberg (light cruiser), 187

O'Brien, Don Antonio, 158
Oda Nobunaga, 111
oil, dynamite in finding location of, 84−85
oil of vitriol, 53
Operation Disinfection, 223−24
Opium War (1839−1841), 110
Oppau (Ludwigshafen am Rhein, Germany), 1, 217, 219−20, 222
Orissa, 47
Ostwald, Wilhelm, 215, 218
Otranto (armed merchant ship), 187, 189−90
Otto II (king of Sweden), 182
Ottomans
  Constantinople taken by, 106−8
  janissaries of, 105

Panama, 67
Panama Canal, xiv, 93−94
Panipat, Battle of (1526), 109
Papin, Denis, 113−14

Paris (France)

Nobel in, 82—84

Nobel ousted from, 136—37

Nobel writes last will in, 163, 170, 179

Prussian siege of, 116—17

Sohlman's describing of transfer of Nobel's
securities in, 165, 181—82

Paris Commune, 116

Parsons, Albert, 239

Patna (India), 39, 44

Pauli, Herta E., 116, 122, 170, 176—77

Paulilles (France), dynamite factory in,
116

Peck, George Washington, 151

Peloponesian War, ix, 16—17

Pelouze, Théophile, 53

percussion lock, 60

Pereira bank (France), 61

Peru

Atacama Desert and, 148

guano on coast and islands of, 4, 144—
45

guano trade of, 145—54

nationalization of caliche by, 159—61

other wars of, 153

in War of the Pacific, 157, 161—62

Peruvian Current, 143—44

Philip II (king of Spain), 9

philosopher's stone, 15

phosgene, 225

phosphate, in guano, 145

phytoplankton, 143

Piano d'Orta (Italy), 214

Plassey, battle of (1757), xi, 46

Pliny, 17, 26

Polynesian guano laborers, 152

Pope, Sir William J., 230

population, fertilizers and increase in, xiv,
235

Port Stanley (Falkland Islands), 195

Portugal, 82

potassium carbonate, 32

potassium chloride, 156

potassium nitrate, 3, 148, 156

Poudre B and Poudre N, 133—35

press cake, 21

propellants, 132—33

Prussian-Austrian War of 1866, 69

quartering, 11

Quechua people, 145

railroads

Canadian Pacific, 93

Central Pacific, 93

Saint gothard Pass, 86—89, 92

red tide, 237

Rend Rock, 122

Richemont, Count of, 98

Rippite, 122

Rome, ancient, miners in, 72—73

Roxburgh Castle (Scotland), 100—1

Royal College of Chemistry (England),
129

Royal Gunpowder Factory (Waltham
Abbey, England), 77

Royal Military Academy (Woolwich,
England), 127—28

Russia

dynamite factory in, 82

dynamite sale prohibited in, 118

gas war experiments of, 222

Nobel family in, 55—58, 180

Poudre B in, 141

safety fuse, 77

safety lamp, in mining, 77

Saint Gothard Pass (Switzerland), xiii, 86—

89, 92

saltpeter, 28—49

from caliche, 148—49

Chinese state control of, 19

conversion (German), 156

guano for, 145

in gunpowder, 2, 20, 76, 148

Indian, x, 38—49

The Natural History of Nitre (Clarke), 41

in Peru, 143

refining of, 31—33, 34

scarcity of, 3—4, 33—38, 105, 141

Shakespeare's Hotspur on, 25

in sulfuric acid, 53

Samosatis (Samsat; in Syria), 17

samurai, 111—12

Sandström, Gösta E., 75, 95

San Francisco (California), nitroglycerin accident in, 67—68

San Francisco Chronicle, 67—69

San Remo (Italy), Nobel in, xiii, 137, 165, 167, 169—70, 178

Santesson, B. Lars, 55

Sarkar, Jagadish Narayan, 42

Savery, Thomas, 114

Saxonite, 122

Saxon miners, 73

Scharnhorst (armored cruiser), 186

Schönbein, Christian Friedrich, xii, 54, 126—28

Schwartz, Berthold, 23

science, Bacon's uniting of religion and, 13

Scotland, dynamite manufacture in, 131

Sedan, Battle of (1870), 115—16

Seven Years War, xi, 46—47

Severn Tunnal (England), xiii, 91—92

Shaffner, Taliaferro Preston, 122—24

Shah Alam II (Moghal emperor), 47

Shaista Khan, 44

Sharpe, Kevin, 37

Shasta Dam, 94

Shakespeare, William, *Henry IV, Part I*, on saltpeter, 25

Sheffield (Alabama), 220

Sicily, sulfur in, 27

Simplon Railway Tunnel (Switzerland-Italy), xiii, 92, 95

Singh, Narayan Prasad, 39, 44

Skaggs, Jimmy, 149, 151

slavery

of Constantinople's citizens, 108

See also laborers

small arms, development of, 23

Smil, Vaclav, 214, 216—17, 220, 231, 235—36

Smitt, J.W., 51, 62

smokeless powder, 103

history of, 133—41

Sobrero, Ascanio, xii, 52—54, 127

social change, explosives and, 99—106, 109—12

sodium nitrate, 3, 148, 156, 162

Sohlman, Ranar, 165—66, 170, 178, 180—82

South Africa, 82

Southey, Robert, 26

Spain, 82, 146

1865 war between Peru and, 153

Spector, Ronald H., 186

Spee, Maximilian Graf von, 186—96, 193

Spencer, Herbert, 169

steam engine, invention of, 113—14

Sturdee, Sir Doveton, 194, 196

Suez Canal, xii, 93

sulfur (brimstone)

Chinese state control of, 19

description of, 26—27

in Peru, 143
sulfuric acid, 53, 60, 83, 126
Summers, Leland, 201−2
Sweden
　ballistite in, 141
　dynamite factories in, 82
　fire mining in, 74−75
　nitroglycerin banned in, 69
　Nobel declared resident of, 180
　Nobel's move back to, 167−68
Swedish Academy, 181
Swedish State Railway, 62
Switzerland, 82
　artillery vs. pikemen of, 102
　tunnels in, 86−89, 92
synthetic nitrogen, 5, 205, 213−20, 235−
　37

Tamerlane, 108
Taylor, John, and Sons, 127
Thompson, William King, 67
Thucydides, Greek fire described by, 16−
　17
thunder, artificial, 15, 25
TNT, in World War I, 199, 219
Tokugawa shoguns, x, 111−12
toluol, 219
Tonite, 129
torture of Fawkes, 10−11
Toulouse (France), 220
Trading-with-the-Enemy Act (Britain),
　202, 204
Trafalgar, Battle of (1805), xi
Trapp, Yuli, 57
trunnions, 98−99
tunnels, dynamite in blasting, of xii−xiii,
　85, 86−89, 91−93, 95−96
Turin, University of, 52−53

United States
　canals in, 78, 93
　dams in, 94
　dynamite in, 82−83, 89−91
　dynamite swindlers in, 124−25
　guano as fertilizer in, 146−48
　Indian saltpeter in, 47
　nitroglycerin in, 65, 67, 69, 80
　Nobel on emphasis on money in, 125
　opening of Japan by, 112
　Poudre B in, 141
　synthetic ammonia plants in, 220
　tunnels in, 92
United States Blasting Oil Company, 124
United States War Industries Board, 201,
　203−4
University of Berlin, 208, 210
University of Jena, 209
University of Uppsala, 167−68
Urban (military engineer), 107

Valparaiso (Chile), 153, 187, 190, 192,
　193, 201
Van Horne, William Cornelius, 93
vaseline, 138
Venezuela, 82
Versailles, Treaty of, German Chemical
　disclosure required by, 231
Victoria (queen of England), 127
Vielle, Paul M., 133−35
Vienna (Austria), explosion in, 128
Vigorite, 122
Vincennes (France), 128
Vitelli, Gian Paolo, 104
von Spee. See Spee, Maximilian Graf von

Walker, Thomas, 91
war, Nobel's ideas on futility of, 167, 172−
　78

Ward, Joshua, 53

War of 1812, gunpowder during, 48

War of the Austrian Succession, 46

War of the Pacific (1879—1884), xii, 157, 161—62

War of the Roses, 100

War of the Spanish Succession, 48

Waterloo, Battle of (1815), xi

Watt, James, xi, 114

Welland Canal, 78

Wells, Fargo and Company, 67

Wilhelm Ⅱ (German Kaiser), 218

Wimbledon, Viscount, 37

Winterviken (Sweden) factory, 62—63

Woolwich (England), 127—28

World War Ⅰ

  Allied blockade of Germany in, 197—98, 217, 227

  early naval battles of, xiv, 163, 185—90, 193, 196—97

  Franco-Prussian War and, 118

  Haber's synthesis of nitrogen during, 1—2, 4, 217—20

  nitrates in, 4, 187, 194, 197—206, 217—18

  nitrates speculation in, 201—3

  as timed by Germany to use Haber process, 218—19

  U-boat warfare in, 200

Ypres (France), gas assaults at, xiv, 222—24, 226

Zanetti, J.E., 218

Zinin, Nikolai, 55, 57

zooplankton, 143